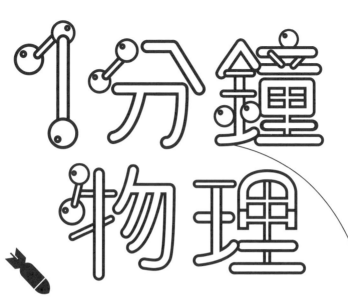

1分鐘物理

往颱風眼裡
扔一顆原子彈會怎樣？

①

中國科學院
物理研究所
著

1 分鐘 物理 1 CONTENTS

—Part1—
生活篇

01 為什麼晚上看路燈時會看到光「芒」（就是往外發散的那種線條）？

人眼能看見光芒的主要原因有兩個。

第一個原因關乎繞射，這是任何光學系統都無法避免的問題。利用菲涅耳—克希荷夫繞射公式（Fresnel-Kirchoff's diffraction formula），我們可以較為精確地計算出不同形狀光圈所產生的繞射圖案，即光芒線的條數和延伸長度。拍攝很遠處的物體時，入射光近似於平行光，對光圈做二維傅立葉變換可以近似得到繞射圖案。

當然，要拍出光芒，你並不需要懂得這些複雜的數學。定性來看，光源越亮，光圈越小，由繞射造成的光芒現象也會越明顯。

對人眼來說，這裡的光圈可以替換成瞳孔。正常情況下瞳孔是圓形的，理論上不應該看見光芒，而應該看見「光暈」。不過，由於眼球或眼鏡片表面不潔淨，這種不對稱的繞射現象仍有可能發生。

我們可以做個實驗：在相機鏡頭前粘上幾根頭髮絲，看看能照出什麼現象來。

02 和金屬做的碗相比，為什麼塑膠碗比較容易積聚油漬呢？

高中化學課會講「相似相溶原理」——極性分子和金屬離子較易溶於極性溶劑，而非極性分子較易溶於非極性溶劑，即極性相似的分子間一般親和力更強。這裡也有類似的原因。

絕大多數油脂都是非極性分子或弱極性分子，而生活中常見的大多數塑膠（聚乙烯、聚丙烯、聚酯等有機高分子材料）亦是如此。因此，油脂和塑膠之間的相互作用較強，而與金屬材料的相互作用較弱，油脂更容易附在塑膠表面。許多陶瓷材料以離子晶體為主，一般來說也會體現一定的極性，因此不容易粘上油脂且易於清洗。此外，某些塑膠分子上會有一些易於和油脂親和的基團，這些基團也會起到一定的「粘」油的作用。

綜上所述，一般情況下塑膠會更粘油。當然也有例外，比如，碳氟化合物[1]等塑膠就不易「粘」任何東西。

1　編註：經常應用在製作鐵氟龍，俗稱「塑料王」。

03 人體的安全電壓是 36V（伏特）。為什麼沒聽說過
有安全電流呢？到底是電壓危險還是電流危險？

考慮到人體的情況，高電壓不一定會殺掉你，但是強電
流一定會殺掉你，而低電壓一定不會在人體產生強電流，所
以低電壓一定是安全的。（哇⋯⋯真像繞口令。）

那為什麼不直接寫安全電流呢？因為電網的標準裡只有
電壓是恆定不變的，這樣有利於電網中的負載正常運轉，而
電流是隨電網中的負載隨時變化的。所以綜上所述：第一，
安全電壓不是保障安全的直接原因，卻是安全的充分條件；
第二，設置安全電壓在可操作性上比設置安全電流強得多。

04 下雨時是部分地區下雨，那為什麼我們平時看不見
或者接觸不到下雨與不下雨的交界處？

其實下雨的地方和不下雨的地方是有比較明顯的分界
的，物理君在開闊的荒野中就經常看到。只是一些原因讓我
們不太方便看到這個現象。

首先，雲層距離地面幾百到幾公里不等，非常高，雨滴
在下落過程中會因為受到風的擾動而隨機散開，導致邊界模
糊；其次，邊界區域相對於雲朵整體面積而言，占比較小，
觀察者不容易碰巧就在邊界附近；最後，雲朵在風力作用下

移動，速度可輕鬆達到每秒幾十公尺，邊界快速移動，對觀察者而言也是一晃而過。

　　總之，當天氣晴朗、土地乾燥時，如果突然遇到陣雨且雨滴較重、風速較小，我們很容易看到雲朵下雨區域的乾濕交界。這也符合日常生活的經驗。

05　為什麼自行車輪胎充氣後騎起來感覺輕，沒氣時騎起來感覺重？

　　理想情況下，自行車在公路上行駛不需要外力驅動（無空氣阻力、磨擦力的時候）。實際情況下，理想的條件不能被滿足。當自行車輪胎沒氣時，行駛過程中輪胎一直處在壓扁—釋放—壓扁—釋放的狀態，這個過程使大量的機械能轉化成內能，能量利用率降低，所以自行車騎起來會變重。

　　有人可能會問：為什麼不直接拿掉輪胎？答案很簡單，首先，如果拿掉輪胎，輪轂和地面就形成剛性接觸，受力非常不均勻，容易造成輪轂損傷。其次，騎車的人會覺得非常顛簸，騎車不舒服。最後，輪胎可以增加車輪和地面的摩擦力，減少打滑。

06 為什麼流動的水不易結冰？

這個和結晶過程需要水分子在凝結核周圍有序地聚集有關。靜水在達到冰點時，如果水中存在凝結核，水就會慢慢在凝結核周圍結晶成冰，凝結過程正是從這些凝結核開始擴散到整個水存在的區域的。但是如果水流動起來，造成的擾動就會對水分子在凝結核周圍的有序聚集起到一定的破壞作用，從而使得冰凍過程變得困難。

比較有意思的是，水在缺少凝結核的時候會形成過冷水（低於冰點卻不冰凍的水）。與之相對應，水在缺少汽化核的情況下會形成過熱水（高於沸點卻不沸騰的水）。

07 網傳冰糖的摩擦螢光是真的嗎？如果是，還有哪些晶體存在摩擦螢光？

冰糖是真的有摩擦螢光。

想見證奇蹟的朋友可以做一個小實驗：找一個透明的、內部乾燥（一定要乾燥，越乾燥現象越明顯）的礦泉水瓶，用其 1/4 的容量裝大塊冰糖。在一個月黑風高的夜晚，拉上窗簾，關上燈，讓室內伸手不見五指，然後迅速地搖晃塑膠瓶，這時你就會看到瓶中的冰糖一下下地發出藍紫色的閃

光。搖得越快，現象越明顯！

你可能不知道，摩擦螢光（Triboluminescence）的研究歷史已經有幾百年了，早在 17 世紀就有人發現摩擦糖塊會發出亮光。其機理在大衛·哈裡德（David Halliday）的《基礎物理學》（*Fundamentals of Physics*）裡面有所敘述。由於冰糖晶體的非對稱性，冰糖在斷裂過程中斷面會帶上正負電荷，這相當於把振動摩擦的機械能轉化為了電位能。而電荷中和的放電過程激發了空氣中的氮分子，將能量以螢光形式放出。能以相似機理摩擦發光的晶體還有 LiF、NaCl、SiC 等。

雖然多種晶體都有相似的發光現象，但是這背後蘊含的機理問題很多。比如，晶體的壓電效應、扭曲和差排都能引起發光；還有些晶體不像冰糖這樣靠激發氮分子來發光，而是因晶體本身被激發而發光。摩擦螢光也不限於非對稱晶體，在某些對稱晶體上也能觀察到該現象。這些問題都有待人們去研究。這麼看來，一個不起眼的小現象說不定蘊含著很多大學問呢！

08　夏天，地面附近會有類似火焰一樣的透明的跳動。這是為什麼？

太陽光透過空氣加熱地面。→地面透過熱傳導加熱緊挨

著地面的空氣。→空氣受熱膨脹，體積增加、密度變小。→
密度變小之後，空氣開始上浮，並與上方的冷空氣不斷碰
撞。→空中形成了很多不同密度空氣的交界面，這些交界面
隨著冷熱空氣的碰撞不斷改變。→不同密度的空氣有不同的
折射率，光線穿過交界面時發生折射。→於是，你就看到了
像火焰一樣透明的跳動。

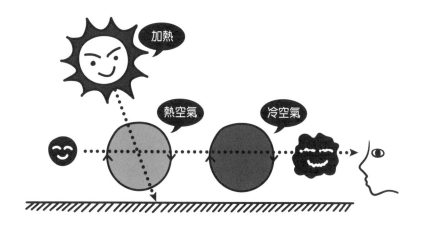

09 為什麼會有風？

因為有太陽。

太陽光加熱了地球表面，地球表面加熱了空氣。這裡有
個關鍵點：地球表面不一定是同質的。比如，海水比熱比陸

地大，所以陸地在同樣的日照情況下升溫比海洋快，這就使陸地上方的空氣比海洋上方的空氣更熱。

我們剛剛說了，熱空氣要往上運動，它們走了之後在地面留下一個低氣壓區域。雖然海洋上方的空氣也在往上運動並製造低氣壓，但它們沒有那麼熱，所以上升得不如陸地上方的空氣快。相對於地面來說，它們處在高氣壓區域。於是氣體從高壓區域流向低壓區域，海風就從海洋吹向陸地了。而到了晚上，陸地迅速降溫，這時海洋表面比陸地熱，風又會從陸地吹向海洋了。

本質上講，風就是太陽光驅動的熱對流現象。

10 我該如何說服長輩手機電磁輻射是基本無害的？

從物理的角度來說，手機輻射是非游離輻射，而且功率很小，不會破壞有機分子，也不會對人體造成傷害。

從醫學實驗的角度來說，沒有顯著證據證明手機輻射與生理性疾病存在因果關係。

就說是物理君說的。

11 電磁爐的波對人有危害嗎？請問變電所變壓器旁邊的電磁輻射對人的影響有多大？

　　科學未發現生活中常見的輻射來源——手機、電腦螢幕、Wi-Fi、電磁爐、微波爐、基地台、高壓變壓器，等等——對人體有任何輻射傷害，只要使用者按照規定使用，不自己找死。

　　找死舉例：（1）強行打開正在運行的微波爐；（2）跑進變壓器裡玩捉迷藏；（3）把臉貼到正在運行的電磁爐上。

　　當然，這裡不排除其他傷害，比如被變壓器砸死什麼的。

　　真正會帶來輻射傷害的常見物品包括地鐵與機場的 X 光安檢儀（不包括金屬探測器）、煙草、醫院的 X 光機、胸部螢光透視儀、CT 儀、高空宇宙射線、放射性礦物質。

　　當然，不談劑量就談毒性也是非常不科學的。目前已證明的對人體健康明顯有害的輻射劑量最小值是 $100\mu Sv$（毫西弗）。一個普通的正常人一年能承受的輻射劑量一般為 $2\sim 3\mu Sv$。地鐵安檢儀洩漏的輻射劑量可忽略不計。坐飛機往返一次東京或紐約大約要承受 0.2 毫西弗，和一次胸部 X 光差不多。一次頭部 CT 掃描大概 $1\mu Sv$，而與一個每天吸 30 支煙的人同居一年吸入的二手煙的劑量也有 $1\mu Sv$。一次

胸部 CT 大概 5μSv，全身 CT 約 10～20μSv。一個每天吸 30 支煙的吸煙者一年承受的輻射劑量為 13～60μSv。

另外，放射性職業工作者一年累計全身受職業照射的上限是 20 μSv，受輻射達到 200μSv 時白血球減少，1000μSv 時出現明顯的輻射症狀（噁心、嘔吐、水晶體混濁等），2000μSv 時致死率會達到 5%，3000～5000μSv 時致死率大約是 50%，10000μSv 以上基本上就死定了。

12　一個火車頭為什麼能拉動這麼多的車廂呢？

物理君要先告訴大家一個有點反直覺的模型：在平整的剛性地面上，有一個正圓、剛性、質量均勻的輪子在無滑動滾動，即便不給輪子施加外力，它仍然可以一直維持等速直線運動狀態，直到永遠。

由此可見，理想情況下，維持一輛車的運動並不需要額外施力（此處不考慮內部摩擦）。當然，對於實際情況，我們所設置的一系列條件（剛性、平整、正圓等）都不能完全滿足，但是因為輪子的存在，維持火車的運動並不會「特別難」。再不濟，我們還可以增加牽引車頭或者使用更重的牽引車頭。

事實上，火車頭拉動車廂最難的階段是在啟動的時候，

讓車廂從靜止狀態轉變到運動狀態要比維持運動難得多。不過，啟動時所有車廂並不是同時啟動的，而是車頭帶動第一節車廂，然後車頭和第一節車廂共同帶動第二節車廂，直到最後一節車廂被帶動，這樣就完成了整車的啟動，這種「逐個擊破」的手段保證了較輕的車頭也能拉動較重的車廂。

13 　為什麼硬的東西都是脆的？

這個問題好有趣。要回答也不難，我們要先定義一下什麼叫「硬」，什麼又叫「脆」。所謂「硬」，就是抵抗壓力導致的形變的能力。所謂「脆」，就是忍受形變的能力很小，延展性差，稍有形變就會遭到破壞。

不過需要說明的是，這個問題本身並不普遍成立。比如，鋼鐵硬而韌，石墨軟卻脆。這裡只針對成立的情況做一些說明。

為了說得更清楚，我們先列舉幾個硬東西：鑽石、大理石、藍寶石、水晶、玻璃。我們再列舉幾個延展性好的軟東西：橡皮筋、塑膠袋、你的臉。

不知道你注意到沒有，這兩類東西最大的區別在於，硬的東西都是直接透過原子的共價化學鍵相連的（注意，玻璃不是晶體，但其內部也是透過共價鍵相連的，只是沒有週期

結構而已），而軟的東西都透過氫鍵和分子間力拴在一起。

這樣問題就很簡單了，共價鍵的強度遠大於氫鍵和分子間力，因此共價鍵很難被拉開，分子間力卻很容易被破除。在產生相同的形變時，以共價鍵相連的物體需要更多的功，於是表現得「硬」。但共價鍵本質上是原子外層電子波函數的疊加，所以作用範圍非常小，跟原子的尺度是一樣的。也就是說，共價鍵稍微被拉遠一些就無法繼續保存了。而分子間力不要求波函數直接疊加，所以作用範圍大得多（比如橡皮筋中的分子間力主要依靠熵增）。於是，硬的東西往往比軟的東西「脆」。

注意，我在這裡回避了金屬鍵的軟硬問題，因為金屬的軟硬分析比較複雜，要分析具體的晶體結構，要分析差排的生長，以及具體的雜質帶來的差排釘扎。

14 坐在火車上透過玻璃往外看，離得越近的東西「走」得越快（比如鐵軌和路燈），而遠的東西（比如建築和樹）好像就「走」得比較慢。這是為什麼？

因為它們「走」過你視野的快慢不同。

所有這些靜止的物體相對於你的速度都是一樣的，此其一。你的視野範圍大致在一個圓錐裡面，距離越遠（越接近

圓錐的「大頭」），你能看到的範圍就越大，此其二。

假設火車的速度是 10m/s（公尺／秒），對於離你只有 2m 遠的景物，你的視野是一個半徑幾公尺的圓，所以 2m 遠處的路燈可以在 1s 內從你的視野中出現又消失；而對於離你 1000m 的景物來說，你的視野是一個半徑數公里的大圓，於是這棵樹會優哉遊哉地在你眼中待上好幾分鐘。

近處景物　　　　　　遠處景物

15 1秒有多長？1秒的定義很複雜嗎？

在歷史上，1 秒曾經的定義是地球自轉一圈的 1/24 的 1/3600。後來，隨著生產和研究的發展，我們需要越來越精確的時間度量。地球自轉一圈的時間並不是很精確，它是會上下浮動的。地球 12 月底自轉一圈的時間比春分、秋分時長了幾十秒。那我們到底該用哪一天的自轉來定義秒呢？

所以，我們把 1 秒的定義改成了銫 133 原子基態在 0K（絕對零度）時的兩個超精細能階間躍遷對應輻射的 9192631770 個週期的持續時間。這個時間間隔非常非常精確，而且在全宇宙都是一樣的。之所以用 9192631770 這麼奇葩的次數，是為了和歷史上秒的定義時長儘量吻合。在 2018 年召開的國際度量衡大會（General Conference of Weights and Measures, CGPM）上，公斤也由普朗克常數（Planck constant）重新定義，定義比秒複雜得多，但是對於科學家來說，這些定義更加精確，能更好地為科學研究服務。

16 下雨時打電話真的會引來閃電嗎？

閃電產生的原因是雲層和大地之間的強電壓游離了空氣，產生了放電通道。手機電磁輻射的能量跟這個相比是可以忽略不計的，所以手機輻射不會對閃電的放電通道造成什麼影響。

另外，有人覺得電話的尖端放電效應會引來閃電，這個也是經不起推敲的。正常人在使用手機時手機的高度都不會超過身高，現在的手機外殼也沒有什麼尖銳的部件，所以手機也沒有引來閃電的額外尖端效應。（唯一的尖端效應恐怕

來自你自己的身高。）

我們的結論是，下雨天打電話會引來閃電是一個比較常見的謠言。

其實這個謠言這麼流行的原因物理君想過，可能有以下兩點。

第一，最早的手機，也就是大哥大，有很長的外置金屬天線。這根天線在打電話的時候還要拉開，這個可能真的有尖端效應，會引來閃電。所以，早期的手機廠商會提醒消費者，下雨天在戶外最好不要打電話。很多人雖然不明就裡，但記住了這一點，直到今天還記著。可是現在的手機早已今非昔比。

第二，謠言的傳播是有模式的。廣為流傳的謠言一定有一個特點，就是謠言的接受成本遠遠小於其分辨成本。（哦？下雨天打電話引雷？那我不打就好了，難道還要我專門去學一下電磁學嗎？大家都很忙的。）如果商家說「家裡面錢太多會引來閃電」，那我敢說這個謠言肯定流行不起來，因為不管真懂還是假懂，所有人下意識地都想反駁它。接受成本太高啦。

所以，闢謠不光是一個知識量的問題，它更是一個成本與行為模式的經濟學問題。要真正消滅謠言，第一要提高謠言的接受成本，第二要降低謠言的分辨成本。

17 開發商總說樓層中間地帶是揚灰層，那麼灰塵在空氣中能夠達到的高度有多高？

　　灰塵在空氣中達到的高度受到很多因素的影響（風速、風向、氣溫、濕度），而且不同尺寸、不同電荷、不同 pH 的灰塵能達到的高度也是不一樣的。這裡並沒有一個簡單通用的公式。但至少，某些樓層（比如經常被提起的 9～11 層）是揚灰層這個說法是謠言，因為每一個地方情況都不一樣，同一個地方不同的灰塵可能在不同層聚集，也可能在所有層都差不多。

18 為什麼紙張沾了油會變透明？

　　這個問題很好呀！

　　紙張是一種充滿了孔隙的雜亂纖維，孔隙中有很多空氣，而空氣和纖維的折射率不同。於是，當光線照到紙上的時候，一部分會被紙張纖維吸收，一部分在紙張的孔隙中不斷散射，在雜亂的纖維與空氣介面發生雜亂的折射和反射。

　　油（植物油）和纖維的折射率差別不大，分別接近 1.47 和 1.53（空氣折射率是 1.0）。如果孔隙中充滿了油，那麼油和纖維的介面上的折射和反射就大大減少了，光線差不多

可以直射過紙張，紙張就變得透明了。

其實你們還可以觀察到這一點：紙張浸水之後也會變得透明，但又不如浸油後透明度高。為什麼呢？答案很簡單，因為純水的折射率大約是 1.33。

19 路面有水，水會減少汽車輪胎與路面的摩擦力，引發打滑現象。但是，人工清點紙幣時，乾燥的手指在紙幣上卻打滑，將手指沾水後反倒不打滑了。這是為什麼？

兩種現象的主要差別在於水層的厚度。水層是不是足夠厚，可以讓水自由地在層間流動？如果是，那水自然就會打滑。如果不是，比如只在手指上、玻璃上塗了很薄的一層水膜，那這時表面浸潤和張力會讓水增大摩擦。

20　在電梯裡手機為什麼沒信號？

因為電梯把電磁信號遮罩了。

大家都學過國中物理中的靜電屏蔽效應，即導體空腔內外的電荷分佈不會互相影響，因為導體中的自由電荷會隨著導體內外的電荷產生的電場而做出「調整」，達到「遮罩」的效果。

電梯中的信號問題與這有些類似，電梯可看作一個封閉的導體空腔，由於自由電荷的影響，電磁波不容易穿過導體。在手機信號的頻率波段下，電磁波在導體中的穿透距離很小，強度衰減得很快。因此，手機發出的信號很難傳到電梯外，電梯外的電磁信號也難以傳到手機上。

21　關於樂器的聲音，音調、響度有確定的物理量去分析，那麼如何定量分析「音色」？

音色的類型是由振源的特性和共振峰的形狀共同決定的。

首先，你需要瞭解不同樂器的音色為什麼不同，以及「泛音」是什麼。樂器的聲音並不是由單一成分的頻率構成的，而是由一組滿足倍數關係的頻率構成的。所有樂器都靠駐波發聲——因為琴弦的兩端被固定住了，所以琴弦振動部

分的長度必然是半波長的整數倍。我們知道頻率等於波速除以波長,當我們撥動琴弦時,也許有 80% 的能量被轉換為整個琴弦的振動,產生了基音,同時會有 10% 的能量被轉換為 2 倍頻的振動,5% 的能量被轉換為 3 倍頻,而 2 倍頻的成分從某種意義上講也可以是基音,又可以轉換為 4 倍、8 倍的成分……每種樂器的能量分配比例都不同,於是每種樂器都是獨一無二的存在,擁有獨一無二的音色。

22 請問,孕婦防輻射服有必要穿嗎?

完全沒有必要。

可能有很多人會出於各種目的向你及你的家人鼓吹穿孕婦防輻射服的必要性。但我們要說,完全沒有必要。

首先,只有游離輻射對人體有害。電視電腦也好,手機微波爐基地台也好,這些日常生活中的輻射都是非游離輻射,而非游離輻射對人體是無害的。(你只需要注意別被微波爐烤熟就行了。)

再則,常見的游離輻射有安檢時的 X 光輻射,坐飛機時的高空宇宙射線輻射。但這些輻射我們接觸的劑量很小,是可以忽略不計的。

最後,如果你不幸生活在日本福島,那麼那麼薄的孕婦

防輻射服，第一防不住 γ 射線，第二防不住 β 射線，唯一能防的也就是 α 粒子。但 α 粒子你的皮膚也能防。現在很多所謂的防輻射孕婦服會在衣服裡面加金屬絲，概念還是用感應原理隔絕非游離輻射。這又回到第一點了，也就是非游離輻射是無害的。

　　PS：市場上連防重力波輻射孕婦服都有了。如果這東西真能吸收重力波，那我們科學院要先買一打呀，因為這東西掛起來就是重力波探測器，豈不美哉？

23 雷電是怎麼產生的？

雷雨的積雨雲下層以及地表富集（enrichment）著大量的相反電荷，這使得雲和大地之間形成了非常大的電位差（幾十兆伏特），這樣高的電壓產生的電場有可能讓空氣分子游離。游離出來的離子在電場加速下高速撞向旁邊的分子，把旁邊的分子也給撞游離了。然後，這種雪崩一樣的情況把空氣沿著一條線變成了導體，電荷透過這條線迅速放電，就形成了閃電。放電產生的熱量把空氣加熱，使得空氣膨脹摩擦並發出聲響，這就產生了雷。

雷雨雲中為什麼會富集如此大的電荷量？目前有很多理論，但是每個理論都不能解釋所有的現象，雷雨雲的起電機制現在還是一個有爭議的問題。

想瞭解更多的朋友可以去看看《費曼物理學講義》（*The Feynman Lectures on Physics*）的第二卷，書中有更加易懂的講解。

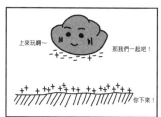
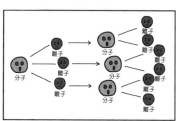

24　北極的冰屋裡面真的不冷嗎？

冰屋確實能起到很好的禦寒作用。

冰屋幾乎沒有縫隙可以讓寒風吹進室內，而且冰屋的建成材料冰磚是熱的不良導體，能起到很好的隔熱作用。冰屋門的朝向一般與風向垂直，而且十分低矮，寒風無法進入室內形成對流。

北極的室外溫度低至零下幾十℃，而冰屋內的溫度可以達到零下幾℃到十幾℃，這對於有獸皮保暖的因紐特人來講已經足夠了，一般人應該也沒什麼太大問題，畢竟冬天中國南方室內不開空調跟這個溫度應該差不太多。室內一般也不會出現冰塊融化的問題，因為冰壁附近的溫度總是低於熔點的，如果想讓室內更暖和，因紐特人會在內壁掛上獸皮，這樣儘管室內很暖和，但獸皮和冰壁之間的空氣因獸皮隔熱而無法升到較高的溫度。雪洞保暖也基於同樣的原理，若是條件合適，挖雪洞避寒也是很好的野外生存技巧。

25　液態氧和固態氧為什麼是藍色的呢？

考慮氧的顏色就要考慮氧分子的吸收光譜。氧氣的吸收光譜主要存在於紅外區域，氣態的氧便呈現無色透明的狀

態。但是在液態和固態中，由於凝聚態的雙分子耦合作用，產生了紅到黃綠光區域的四個吸收峰，所以液態氧和固態氧顯示藍色。

另外一個原因是氣態的氧分子在空間分佈的密度很低，所以即使吸收同樣顏色的光，顏色也太淺，肉眼根本看不出來。

參考文獻：

E.A.Ogryzlo J. Chem. Educ., 1965, 42(12), p647

Ahsan U.Khan,Michael Kasha J.Am.Chem.Soc., 1970, 92(11), pp3293–3300

26 為什麼燃燒後的火柴具有磁性，可以被磁鐵吸引？

這和燃燒沒有關係，沒有點燃的火柴頭也會被磁鐵吸引。

把火柴頭放到水裡，旁邊放上磁鐵，火柴頭會因受到吸引而運動。顯然，火柴頭裡加入了磁性物質，考慮成本問題，鐵粉的可能性最大。那麼為什麼燃燒後現象變明顯了呢？從分析來看，有下面兩個原因：第一，火柴燃燒後大部分可燃物被氧化，火柴更輕了；第二，磁性粉末分佈更加集中，磁化效果更強。

　　為什麼火柴頭裡要加入磁性粉末呢？細心的朋友會發現，火柴一般都是頭朝一邊躺在火柴盒裡的。沒錯，加入鐵粉後，我們用磁鐵吸一下就可以高效地把火柴頭順到一邊了。中國早在 1980 年代就擬定了技術標準，顛倒頭的火柴是不允許裝盒的。傳統的方法依靠火柴頭尾重量差，用振動實現順頭。這種方法一是分離不完全，二是容易失火，安全性差，三是會出現大量的殘餘，造成浪費。所以，現在大家都採用摻磁性粉末的方法解決這個問題，這個點子還在 1991 年的時候申請了國家專利呢！

27　為什麼飛機飛過天空後會留下雲？

　　雲的形成過程大致是這樣的：大氣中的水汽過於飽和，不斷聚集在凝結核上，形成了小水滴或者小冰晶，然後這些水滴或者冰晶會反射和散射太陽光，我們就可以看到雲了。

　　飛機飛過留下的雲可以稱作「飛機尾跡」，我們經常看到的是噴氣式飛機的尾跡。噴氣式飛機在高空飛行時會排出大量含有水蒸氣的高溫廢氣，而機艙外的環境溫度通常是零下幾十℃。高溫廢氣與空氣混合，溫度下降，水蒸氣達到過飽和的條件，在凝結核上凝成小水滴或者小冰晶，於是就形成雲了。尾跡一旦形成，一般可以維持 30～40 分鐘。

28 北半球的漩渦都是向左旋轉的嗎？聽說這是由地球自轉和不同緯度的不同線速度決定的，這種解釋科學嗎？

地球自轉的確會產生一種改變運動方向的力，這被稱作科氏力（Coriolis force，或者地理學中的地轉偏向力），但這種力的來源不是各處不同的線速度。關鍵在於，地球是一個轉動的非慣性系，而且只有相對地球運動的物體才會受到科氏力。北半球的氣旋逆時針旋轉（左旋），南半球的順時針旋轉（右旋），這的確是因為科氏力。

但是，如果你指的是洗手台、浴缸、抽水馬桶等在放水時形成的漩渦，那麼它們的旋轉方向與科氏力無關。這是因為這些東西排水時涉及的尺度與速度太小，科氏力太小，不足以影響水流方向。漩渦的旋轉方向主要由排水孔內部的結構決定。

29 為什麼用紙或塑膠遮住手機 Home 鍵，指紋識別依然可以使用？難道這樣也導電嗎？

所謂指紋識別，即透過識別模組收集你的指紋資訊，與之前儲存在手機中的指紋資訊進行對比。根據收集指紋的方式不同，指紋識別模組主要分為這幾種：光學式指紋模組、

電容式指紋模組、射頻式指紋模組。

　　光學式指紋模組利用光學反射成像識別指紋，但其識別精度並不理想，且佔用空間較大，所以手機上很少用這種識別模組。

　　電容式指紋模組利用矽晶元與手指導電的皮下組織液構成一個「電容器」。我們知道，兩個電極之間的距離遠近會影響電容器的電壓；根據這個原理，指紋的高低起伏會在不同的矽晶元上形成不同的電場，這樣就把指紋資訊轉化成了電信號。目前大多數手機的指紋識別使用的都是電容式指紋模組。

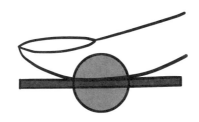

　　射頻式指紋模組有無線電波探測型和超聲波探測型兩種，原理是靠特定頻率的信號反射探測指紋的具體形態。這種技術透過感測器本身發射出微量射頻信號，穿透手指的表層，探測裡層的紋路。其優點是手指不需要和識別模組接觸。

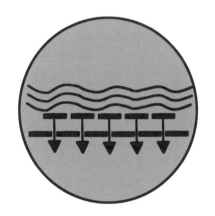

　　瞭解這些之後，我想你已經知道問題的答案了。首先，你的手機指紋識別模組是電容式的，對於這種模式的指紋識別，只要「中間介質」沒有厚到讓產生的電場太弱而檢測不到，那就不會影響指紋識別。你可以做個小實驗，看加多少張紙後，指紋識別功能才會失效。

　　「濕手無法指紋識別」的現象也很容易理解：水有導電性，這時模組識別的是水的「紋路」，而不是你手指的。

30　為什麼導電的固體大多不透明，而透明的固體大多不導電？

　　透明的含義是什麼？

　　從能量的角度講，透明代表材料中的電子無法吸收可見

光所對應的能量並進行躍遷。可見光紅紫兩側對應的能量分別約為 1.6eV（電子伏特）和 3.1eV。固體中的原子常常整齊地排列形成晶體，其中的電子會處在一系列準連續的能階上，這被稱為能帶（energy band）。以金屬為代表的導電固體之所以呈現金屬性，是由於其中的電子填充了半滿的能帶，電子只需吸收很少的能量即可躍遷到與之最近的能階上。當然，電子也可以吸收更多的能量躍遷到更高的能階上，而這些能階對應的能帶範圍連續且很寬，經常在整個可見光範圍內都有吸收，因此就不透明了。

　　不導電固體，以水晶為例，其電子填充了整個能帶，能帶與能帶之間隔著一定的能量，這就是能隙（energy gap）。這代表電子吸收的能量至少需要接近能隙對應的能量才能發生躍遷。水晶的能隙較大，約為 9eV，遠遠超過可見光能量，其電子無法透過吸收可見光躍遷，於是水晶表現出了透明的性質。

　　半導體與絕緣體相似，但是能隙比絕緣體小，完整情況需要具體討論。比如，Si 能隙對應 1.1eV，小於紅光能量，整個可見光段在此都有吸收，故不透明；而 SiC 能隙對應 2.4eV，2.4～3.1eV 範圍的可見光在此被吸收。綠光能量為 2.37eV，這代表紅橙黃綠藍靛紫的全光譜中，藍靛紫在此被吸收了，紅橙黃綠依然通過，材料依然透明，但會顯示顏色。至於塑膠等以分子為主的材料，分析方法與之類似，只

是這種材料未形成能帶，而是有一系列分立的能階，需要根據具體情況分開討論。

　　這個問題還可以從另一個不嚴謹但是更直觀的角度理解：導電說明電子可隨電場自由移動，當然也可以隨光的電磁場運動，從而吸收光的能量，表現為不透明；而透明物體對光無明顯吸收，說明其中的電子不容易隨光的電磁場運動，那麼它們在普通的電場中也不容易自由移動，物體也就不導電了。

31　物體的熔點能改變嗎？

　　當然可以。固體怎麼就熔化了呢？固體中的原子或分子因各種相互作用而手牽手整齊排列，溫度相當於引入了原子或分子的振動；溫度越高振動越強，振動太大、偏離平衡位置太遠，原子無法繼續牽手，隊伍就亂掉了，固體也就熔化了。因此，一切可以影響原子或分子間相互作用的物理量，包括壓力、雜質、外力場（external field）、基板（substrate），甚至顆粒尺寸都可能對熔點造成影響。

　　例如，冰在通常狀態下熔點隨壓力增大而降低，所以掛著重物的鋼絲勒在冰柱上很容易使冰局部熔化並緩慢嵌入。而在很高的壓力（如 20000 個大氣壓力）附近，冰的熔點隨

壓力增大而升高,可超過室溫,這叫作「高壓熱冰」。雜質的加入可以改變熔點,在冰中加入少量鹽或酒精就可以降低熔點,這一原理可用於道路除雪和曳引機水箱防凍。電場和磁場也可以改變冰的熔點。在不同的基板上,物質的熔點也會有所差異,例如,低溫下吸附在不同金屬基板上的固態氧薄膜熔點不同。另外,固體表面附近的熔點一般比體相(bulk phase)要低,這一原理可應用於超細粉末固相燒結。奈米顆粒因表面相比例很高,熔點可大幅降低,降幅甚至可達幾十至幾百℃。

32 耳機降噪的原理是什麼?

降噪方法分為被動降噪和主動降噪。前者指的就是普通的隔音,利用矽膠塞等在耳洞內形成封閉空間,阻擋外部雜訊傳入。這種方法的特點是容易濾去高頻雜訊,而對低頻雜訊過濾效果不佳。不信你可以試一試:用手指堵上耳朵,尖厲的聲音明顯減弱,而機器轟鳴等低沉的聲音卻依然明顯。

不過我猜你更關心的應該是主動降噪,對此物理君只能搖搖頭……不是不知道,而是請你一起搖頭。

注意:搖頭的時候你還可以看清手機螢幕上的字嗎?差不多可以,這說明頭部轉動並沒有給眼睛帶來太大的擾動,

這是為什麼呢？因為眼睛感受到視野變化的資訊後，會及時傳給大腦，大腦給眼睛一個反向轉動的命令，抵消腦袋轉動的影響，從而減少視野的晃動。主動降噪耳機的原理與之類似，麥克風接收周圍的雜訊，傳給晶片，再讓揚聲器發出一個與雜訊等振幅、反相位的聲音，從而與原雜訊相互抵消。這種方法在過濾低頻雜訊時效果非常好，但雜訊頻率太高時，可能會遇到電路延遲及波長減短帶來的相位誤差問題。因此，兩種降噪方法合二為一時效果更佳。

33 為什麼電池會有保存期限呢？沒用過的電池超過保存期限使用起來會有什麼反應？電池裡的電跑去哪兒了？

電池當然會有保存期限！

這個問題和乾電池的自放電現象有關。我們先來複習一下在中學時代學過的銅鋅電池：銅做正極，鋅做負極，中間連上導線，把電極浸泡到電解液中，我們就會在外電路得到電流輸出。如果我們把導線去掉，讓銅鋅電極直接接觸，並把它們完全浸泡在電解液中，會出現什麼情況呢？我想你肯定知道，這和原電池沒有什麼不同，只不過我們沒法利用由此而來的電能了。如果銅電極很小，只在鋅的表面有一些分佈，那就會形成無數個微小的原電池，從而消耗電池的化學

能。電化學腐蝕的原理也是如此。沒錯，乾電池的自放電就是電解液中的雜質或者電極的不均勻表面造成的。電池的正負電極都會出現微電池腐蝕的情況。但通常情況下，自放電主要發生在負極，如果電極表面存在析氫電位低的雜質，就會出現析氫反應。鐵、鎳、銅、砷等雜質都是有害的。所以，電池工業對電極和電解液中雜質濃度的控制相當嚴格，對工藝流程和生產環境的要求也很高。

電池經過較長時間的貯存後，自放電會造成雜質在電極表面沉積，電解液變質，從而出現開路電壓變低，持續穩定放電時間變短等情況。電能嘛，最終都變成熱能跑掉嘍。

34 為什麼汽車在公路上行駛時，打開窗子風會從外面吹進來，而客機在空中破口時，風會將人往外吹？

汽車在公路上行駛，車內外氣壓都接近一個大氣壓，壓差主要由運動引起。實際情況會比問題中所述更複雜些。具體來講，由於汽車相對空氣運動，前方空氣被輕微擠壓，壓力略高，從前邊車窗吹進來，或者被前擋板推向兩側；由於伯努利原理（Bernoulli's principle），汽車側面存在一個低壓區，部分空氣向外流出並逐漸平衡，尤其是當汽車或火車快速經過隧道時，你的耳朵對此會有明顯的感覺。另外，車窗周圍還存在一些因相對運動而灌入的空氣，以及在車窗邊

形成的渦流。汽車尾部也存在一個低壓區，汽車行駛速度很快時甚至可形成亂流，並影響加速，這是賽車加速需要考慮的重要因素。我們很容易透過車尾揚起的塵土觀察到這部分空氣的運動情況。

　　客機飛行高度為 10000m 左右，此處空氣壓力只有標準大氣壓（atm）的 1/4 到 1/3。你可以想像一下聖母峰頂的低溫低壓環境，人在這種環境下會呼吸困難。為了保證人的生命安全和正常活動，飛機採取密閉充氣的方法，保證飛機內壓力在 2/3 標準大氣壓以上。因此，飛機內的壓力始終比外部高，且這個壓差較大，不可忽略。一旦客機在空中發生破損，強大的壓差就會讓空氣迅速湧出，形成向外吹的大風。

35 鏡子的反射率與什麼有關？這個量有理論上限嗎？

　　光介質的反射率是指當入射光垂直打入介質時，其反射光強與入射光強的比值，與其對應的是光介質的透射率，根據能量守恆我們知道二者之和為 1。

　　一般光介質的反射率與透射率是透過求解光入射到介質表面的馬克士威方程組（Maxwell's equations）的邊界條件得到的，其大小與介質的介電常數、磁導率，以及入射光的頻率有關。不過在大多數情況下，磁導率和光波頻率的影響可以忽略不計。

　　至於鏡子，我們知道，鏡子一般是由鏡片（一般為玻璃）和鍍在鏡面上的金屬膜（最常見的是銀）構成的。玻璃的透射率很高，而金屬膜的反射率很高，光打到鏡子上以後，很大一部分通過了玻璃，由金屬膜反射回來，所以鏡子的反射率是由玻璃的透射率和金屬膜的反射率共同決定的，一般鏡子的反射率都在 90% 左右。用途特殊的鏡子，如實驗室中的一些反射鏡，反射率能達到 95% 以上，甚至 99.9%，但是絕對無法達到 100%。

36 當光通過水的時候，水的流速會對光線傳播產生影響嗎？

首先說結果，水的流速確實會對光傳播造成影響，光線會被介質的運動「部分拖曳」。其實風也會把聲音吹跑，「順風而呼，聲非加疾也，而聞者彰」乃是對古典情況下介質運動對聲波的影響的精妙總結。光的情況稍有不同，假設光線和介質速度共線，光相對於我們的速度為 $c' = c/n + v$ $(1 - 1/n^2)$，其中 c' 為經過介質時光的速度，n 為折射率，v 為介質運動速度。1851 年，法國物理學家阿曼德‧斐索（Armand Hippolyte Louis Fizeau）從實驗中得到了該結果。它並不是介質中的光速和介質運動速度的直接線性疊加，這是相對論修正帶來的結果。有的同學可能會問，光速不是不變的嗎？但是這個結果告訴我們，「光速」不僅對於不同介質是可變的，而且對於運動速度不同的同種介質也是可變的。這是因為速度始終要符合相對論的速度疊加公式，我們不能簡單地認定「光的速度是不變的」。

為了具象地說明光會被拖曳，我們在此介紹一個觀察實驗。一束光正入射在以一定速度流動的水的表面，如果流動沒有對光傳播造成影響，那麼光必然會繼續垂直射入水中。現在，我們到和水流相對靜止的參考系中觀察，這時候由於和光源相對運動引起的光行差效應，光以一定角度射入水

面，而這會發生折射，使光的傳播方向發生改變，這顯然是不可能的。所以我們推斷，光必然會被水流拖曳。如若考慮水流動過程中的不均勻因素，光的折射方向還會不斷改變，當然，這是另外一回事了。

37 近視眼在水下看東西會感覺一切都很清楚。怎樣從光學的角度解釋這個現象呢？

　　我們需要先講一下人的視覺系統是怎麼「看到」東西的。光線進入人眼，經過水晶體的折射來到視網膜，視網膜上的感光細胞感受光信號，然後由視神經傳遞到大腦，這樣我們就看到了物體的像。可以看出，水晶體在視網膜上成像的質量對於我們是否可以看清物體至關重要。近視的產生就是因為眼部調節水晶體形狀的能力變弱，使得經過水晶體折射的光線過早地匯聚，落在水晶體上的像變得模糊不清，此時人眼看到的像也是模糊的。近視鏡的作用就是令光在進入眼睛之前提前發散一次，發散後的光在經過（不健康的）水晶體之後反而可以在視網膜上形成清晰的像。

　　我們在水下睜開眼睛時，由於水的折射率大於空氣，光從水中進入眼睛產生的偏折效應比在空氣中小。這就相當於對光進行了一次發散，其結果就是我們看得清楚了。當然，這只對近視眼有效果，對遠視眼效果相反，大家可以自行分

析其中的原因。

最後，請大家思考一下：為什麼大多數的魚是「近視眼」？

38 為什麼電扇背面沒有風？為什麼對電扇說話聲音會變得怪怪的？

電風扇背面也是有風的，只是相對正面而言要小很多。扇葉快速旋轉，以斜面的形式給空氣一個推動力，直接令空氣加速，形成風從正面吹出，這個速度比較快；而風扇後方的空氣，則要去填補被扇葉吹出去的那部分空氣原來所在的空間，靠壓差形成風，這個速度比較慢。而且，前面的風比較集中，幾乎都朝一個方向吹，而後面的風則是從風扇背面各個方向過來的，比較分散，也就沒有那麼強了。如果你把風扇放在一個長型管道中，前後的風速差別就要小很多了。

對著電風扇說話時，聲音會怪怪的。這一方面是因為前面吹的風影響了我們說話時吐出的氣流的速度甚至方向，另一方面是因為以我們的口腔為共振腔，產生了一些駐波，這會發出聲音。為了減少干擾，你可以試著面對風扇，嗓子不主動發聲，空做類似「嗚嗚」的小口型和「哇哇」的大口型，聽聽不同的聲音。這個有點類似於對著空啤酒瓶吹氣，吹的速度和方向不同、瓶口的大小和深度不同，發出的聲音

也不同。當然,風很大時,口型都控制不穩了,聲音就更怪啦!比如,喝西北風。

39 為什麼塑膠尺和橡皮放在一起久了會粘在一起,接觸的地方還會有油一樣的物質?

當然是因為它們性情相近、真心相愛,而且還有「油」做媒啦!(再也無法直視這對 CP 了。)

其實吧,塑膠尺所用的材料多為聚氯乙烯、聚苯乙烯、聚甲基丙烯酸甲酯等,橡皮的主體成分為聚氯乙烯等,總之都屬於高分子聚合物塑膠,所以性情相近嘛。而橡皮之所以擁有如此光滑柔嫩有彈性的肌膚,離不開一種特殊的物質,它被稱作塑化劑或增塑劑。

你想啊,一般的高分子聚合物鏈很長,如果它們之間的

相互作用太強，就容易糾纏在一起，阻礙長鏈的相互滑移，從而影響其塑性。塑化劑的主要作用就是削弱它們之間的作用力，此外還可以降低聚合物的結晶性，最終增加材料的塑性，因此塑化劑在橡皮的製作過程中必不可少。然而常用的酯類化合物塑化劑，比如酞酸酯系列，對塑膠有一定的溶解作用，因此可以很好地充當「媒人」，將塑膠尺和橡皮黏結在一起！

40 風扇為什麼逆時針旋轉？

　　這是個很有趣的現象，應該與螺紋方向有關。工業上為了降低成本，各種零件會儘量遵循標準化的原則。常見的螺紋都是右螺旋的。因為規模效應，右螺旋的螺紋成本比左螺旋的更便宜。如果電機向外伸出的轉軸末端為普通右旋螺紋，且與風扇配套，那麼你很容易發現，當風扇逆時針旋轉時，風扇與轉軸之間的作用力趨於將兩者擰得更緊；而當風扇順時針旋轉時，螺紋連接處會越來越鬆。雖然現在的風扇連接方式越來越多，但這種方式依然作為主流保留了下來，甚至可能成為行業規範。

　　工業中很多機械的設計都會考慮到螺紋鬆緊的這種效應，尤其是旋轉和振動比較頻繁的結構。有趣的是，自行車

左右兩個腳踏板對應的曲柄與齒輪的連接處，分別安裝了左螺紋和右螺紋部件，這樣可以保證兩邊踩踏時都不會鬆動。不過我也確實碰到過一輛劣質自行車，可能是為了節省成本，或者是從一開始就有設計缺陷，總之兩側都用了右螺紋，騎了才幾天腳踏板就掉了。

再跟大家講一個有趣的小知識。

其實剛開始的時候，左螺紋和右螺紋的成本和裝配便捷程度可能都差不多，但是這樣相應的機床、螺絲、螺母等就不能任意配對了。一旦某一個環節打破了平衡的局面，比如市場上出現了一大批右螺紋的機床或者螺母，那麼相應的螺釘就需要是右螺紋的了，左螺紋的賣不出去，長此以往，市場自動調整為單一種類的螺紋以降低成本。

生物界也有類似的例子。比如蝸牛的螺殼旋轉方向，原本左右都有，然而由於其生殖器官位置的關係，只有螺殼旋轉方向相同的蝸牛才能方便地交配。長此以往，整個種群在這一點上就逐漸趨於統一了。這是不是也算一種對稱破缺？

41 為什麼純水不導電，而普通水會導電？

導電是一定數量的載流子的定向移動產生的。常溫下，水的電離全部來自水分子電離。水的離子積常數為 10^{-14}，

所以 $c[H^+]=c[OH^-]=10^{-7}mol/L$（莫耳／公升），由此可以計算得到電離度 $1.8\times10^{-7}\%$。這樣的水離子濃度太小，幾乎是不導電的。純水電阻率量級為 1 千萬（歐姆・公分）。

而普通水中含有一些雜質離子，一般是天然的 Na^+、Ca^{2+}、Mg^{2+}，以及消毒處理引入的 Cl^-。水本身存在弱電離平衡，強電解陽離子或者強電解陰離子都會使電離平衡重新建立，強電解質對導電也有貢獻，會使水的電解率增大，這個時候普通水當然導電了。

此外，哪怕你真的拿著純水接上高壓，只要人體接觸純水，身上的鹽和酸也會對純水造成污染，那個時候導電不導電就不僅僅是水純不純的問題了。

42 為什麼有的時候用手機或相機拍電視中的圖像會出現黑色條紋？

這就是傳說中的摩爾紋（Moiré Pattern）啦。一言以蔽之，就是空間頻率相近的兩組圖案相互干涉，會有更低頻率（更寬間距）的圖案顯示出來。其中空間頻率是指特徵條紋間距的倒數。

說得這麼玄，其實道理很簡單啦！比如，在兩張透明塑膠紙上分別畫一排分隔號，上面那張每隔 1mm（公釐）畫一條，下面那張每隔 1.1mm 畫一條，你很容易發現，分隔

號每隔 11mm 就會重疊一次。細線重疊位置附近，露出的間隙較大，顯得明亮；而細線不重疊的位置附近，露出的間隙較小，顯得灰暗。這樣就形成了週期為 11mm 的明暗分佈，整體看上去就是一排間距更大的粗條紋。

以上只是一維週期圖案對應的情況。那麼二維情況如何呢？我想你在生活中一定盯著兩層重疊的窗紗看過吧？細心的你一定會發現，在原有細密條紋的基礎上隱隱約約有間距更寬的粗條紋出現。當兩層窗紗不完全平行或者自身有所起伏時，這些條紋還會變得彎彎曲曲的。用攝像頭拍電視螢幕時也有類似的情形：電視螢幕上縱橫的像素網格相當於第一層窗紗，手機鏡頭裡的 CCD 感測器陣列相當於第二層窗紗，手機螢幕相當於第三層窗紗，於是拍攝得到的圖案也就有摩爾紋啦。再加上角度偏離時的透視、鏡頭成像時的畸變，以及螢幕本身的微小形變，這樣拍攝到的摩爾紋同樣是彎彎曲曲的。

摩爾紋

43 為什麼冷水沖不開咖啡？

冷水能沖開咖啡，只不過需要你持續不斷地努力折騰，比如充分攪拌、大力搖晃。

我們要知道，沖泡咖啡的過程是咖啡溶解於水的過程。影響溶解的因素有很多，溫度就是其中之一。一般來說，溫度越高，溶解越快。這是因為溫度升高，分子熱運動加劇，咖啡分子更容易跑到水分子之間的空隙中，宏觀上就是咖啡比較快地溶解了。冷水中的低溫環境會減緩這個過程，但它並不是不能完成。物理君強烈建議你買一包咖啡泡在礦泉水瓶裡，蓋上瓶蓋，大力搖晃，仔細觀察，細細品味。

嗯，熱水沖開咖啡之後不會沉澱，這個涉及溶解度的問題。溶解度是一定溫度下每 100g（克）水能溶解溶質（咖啡）的克數。要想溶解後出現沉澱，則需要在溶劑達到飽和（最大溶解度）之後再加入溶質（咖啡），這樣才能析出溶質（咖啡）。

44 打水漂時，為什麼石頭不會立刻落進水裡？

因為有水的作用力啊。

　　就像衝浪一樣，石頭片向前快速運動的過程中，水給它一個向上的分力，讓它暫時不會下沉。打水漂，核心是漂，說到底，就是石頭在水面一跳一跳地「衝浪」。其中主要的幾個因素，一是形狀，二是角度，三是速度，四是穩定性。

　　首先，打水漂用的石頭都是扁平的，就像衝浪板一樣，這保證它與水面有足夠大的接觸面積，以便充分接受水的托力。

　　其次，拋出去的扁平石頭片還需要與水面呈一定的傾角，稱為「攻角」，就像衝浪板前端輕微翹起形成的角度，這樣它向前運動時，水面就會給它一個向上的分力。攻角在 20° 左右為宜。攻角太小時，豎直方向上的分力不夠，難以起跳；攻角太大時，水平方向上阻力太大，失速嚴重；攻角為負數時，石頭會像刀片一樣直接插入水中。需要注意的是，攻角與拋射角有關，但二者是不同的，不可混淆。

　　再者，石頭片速度越大，與水面接觸時所受到的衝力也越大，這樣向上的分力才足以讓它彈跳起來，速度越大動能越大，這樣它才承受得起多次跳躍中的能量損耗。

　　最後，石頭片要在連續跳躍中保持穩定，需要其攻角相對固定，從而要求石頭片整體方位角保持穩定。這也就是打水漂時讓石頭片高速旋轉的目的了——給它一個較大的角動量，讓它像陀螺一樣保持相對穩定的姿態。

　　正是以上四個條件，讓石頭片充分借助水的力量，在水面連續跳躍，不至於立刻下沉。

45　不透明的磨砂玻璃為什麼貼上膠帶就變透明了？

　　要明白磨砂玻璃怎麼變透明的，就得先看一下磨砂玻璃為什麼透光卻不透視。磨砂玻璃也叫毛玻璃，其特點就是有一面是磨砂面。磨砂面表面粗糙，不像普通玻璃那樣光滑。這個很容易理解，如果身邊有磨砂玻璃的話，你用手摸一下就能感覺到明顯的差別。正是這「粗糙」的表面，造成了磨砂玻璃「透光卻不透視」的特點。

　　如果瞭解反射，你一定聽過反射裡面兩個相對的詞——鏡面反射與漫反射。

　　由於鏡面平整，鏡面反射反射的光束很「整齊」。漫反

射反射面粗糙，反射線「亂七八糟」，這些「亂七八糟」沒規律的反射線進入眼睛，我們就看不清它反射的物體是什麼了。所以，鏡子都用光滑的玻璃製作，而不會用粗糙的毛玻璃製作。「透光不透視」的原理相似，光線是能通過磨砂玻璃的，在磨砂玻璃的「毛面」，由於介面不規則，折射光線「亂七八糟」，我們也就不能透過磨砂玻璃看清東西了。

想要「破壞」這種「漫」效應，就得消除玻璃表面的粗糙。方法嘛，就是用折射率相近的「東西」來填充表面的「凹陷」使其變得光滑。石英玻璃的折射率是 1.46，和水的折射率 1.33 比較接近，所以用水刷一下磨砂玻璃表面，也能使其變透明。因此，浴室裝磨砂玻璃時，磨砂面都朝外。如果用膠帶貼上磨砂玻璃的「毛面」，膠帶的膠會填充「毛面」，使其不再粗糙，這樣也有透視的效果。

看來用磨砂玻璃保護隱私，還是挺不保險的。

46 為什麼下雪後會感覺很安靜？

能發現這個問題，提問者一定是一個心細如髮的人。

雪花是水的一種常見的物態，人類對雪花的研究開始得比較早，認識也比較深入。雪花很輕，是從天上「飄」落到地面上的。它千奇百怪的形狀，還有這種輕輕「飄落」的性

質,決定了積雪不能緻密(人踩過車軋過的不算),只能處於蓬鬆多孔的狀態。

那麼接下來我們就要講到聲音的吸收了。我們知道聲音是一種機械波,是靠空氣的振動來傳播的。而空氣的這種振動最害怕遇上蓬鬆多孔、容易發生非彈性形變的物質(如海綿),因為聲音傳到這些小孔腔裡之後,會經過多次反射,直至把能量耗光,只有較少的一部分能逃出小孔腔,繼續傳播。市面上很流行的隔音泡棉就利用了類似的原理。下雪比較安靜也是因為這個。

關於吸音,其實還有很多可以說的。我們這裡再簡單提一下。

我們身邊有很多場所是需要做吸音處理的,例如會議室、音樂廳。這裡用到的吸音原理就比較多了,不單單是上面所說的小孔腔吸音。其中較常用的原理是共振吸音,一些功能性場所需要吸收特定頻率的聲音,這時可以用一些材料,其固有頻率比較接近需要吸收的聲音的頻率,該頻率的聲音傳播到材料上時,吸音材料就會發生共振,把聲音吸收然後耗散掉。

47 空調為什麼能吹出冷熱兩種不同的風？

　　空調是一種典型的透過做功把熱量從低溫熱源搬運到高溫熱源的逆工作熱機。其中的原理是：在迴圈過程中，工作物質在低溫區汽化吸熱，然後在高溫區液化放熱，從而實現熱量從低溫區向高溫區的流動。

　　空調主要由四個部分組成：壓縮機、膨脹閥、室內機和室外機。在製冷過程中，壓縮機將低壓氣體壓縮送入室外機液化放熱變成高壓液體，再透過膨脹閥變成低壓液體，然後冷媒經過室內機汽化吸熱，變成低壓氣體，重新進入壓縮機完成迴圈。工作物質不斷經過此迴圈，從而使室內溫度降低，這時室內機是蒸發器，而室外機是冷凝器。要完成製熱過程，只需工作物質反向迴圈就可以了，切換工作物質迴圈方向是透過一個叫四通閥的元件完成的。這時室外機是蒸發器，室內機變成冷凝器。

　　空調的工作效率受熱力學第二定律限制，室內外溫差越大，則製冷（製熱）效率越低。所以，物理君請大家在夏天把溫度調高一兩度，在冬天把溫度調低一兩度，省電省錢，節能環保，愛護地球，造福子孫後代。

48 為什麼浪花是白色的？

我們先講講水和海洋。我們都知道，水是無色透明的，而海洋是藍色的。那麼為什麼海洋是藍色的呢？因為海洋中發生了瑞利散射（Rayleigh scattering），所以我們看到了藍色的大海。

那麼，你肯定會好奇為什麼浪花是白色的。首先，浪花其實是破碎的波浪，波浪破碎的時候會捲進一些空氣，所以浪花的組成成分不僅僅有水，還有氣泡，這些氣泡對浪花的顏色有著至關重要的影響。氣泡的表面是膜狀的，上面的小水珠就像一個個棱鏡；當光線照在浪花上的時候，浪花表面會發生多次的反射以及折射，最終光線從不同方向反射出來。各種顏色的光反射機率相等，浪花就變成了我們所熟悉的白色。

49 在一個溫度相同的環境中，不同的東西為什麼摸起來溫度不一樣？

熱力學第零定律告訴我們，和同一個物體分別處於熱平衡的兩個物體之間也處於熱平衡，即兩個物體溫度相同，大量的實驗都證明這條定律是正確的。那麼為什麼在同一個環

境裡不同物體摸起來溫度不一樣呢？問題一定出在「摸起來」上。

　　準確地講，這是測量方法的問題。測量物理量的原則之一就是盡量少讓被測量系統產生擾動。我們用「摸」的方法去獲取一個物體的溫度往往會違背這個原則。以觸摸冬天室外的木塊和鐵塊為例，手的溫度比較高，所以當你感受到木塊的溫度時，實際上你感受到的是被手加熱過的木塊的溫度，同樣的道理也適用於手摸鐵塊的情形。兩者給人的感覺不同，原因在於鐵塊和木塊導熱能力不同，鐵塊優異的導熱能力使得熱量剛傳遞到與手接觸的部分就被其他部分帶走，而木塊導熱能力差，吸收的熱量會積累在木塊和手接觸的部分，所以木塊摸起來更暖和一點。因此，儘管兩者原本處於相同的溫度，但手對兩者的影響不同，所以兩者摸起來溫度不一樣。

　　精確的測量方法應使用溫度計。雖然溫度計也會對被測量物體產生擾動，但是溫度計本身可以提供的熱量很少，所以對被測量系統擾動不大，這時，我們可以認為測量到的溫度就是物體的真實溫度。

50 雲的本質是什麼？為什麼白色的雲不容易下雨，而
黑色的雲容易下雨？

　　雲的物理本質是浮在空中的小水滴和小冰晶群。我們肉
眼觀察到的雲形是大量小水滴和冰晶群組成的輪廓，其內部
在不斷運動和變化。

　　夏天，我們經常看到天上烏雲密佈，然後下起暴雨，之
後雨過天晴，天上飄著白雲。其實，高溫使地面的水蒸發到
空中，而高空溫度較低，白雲就是空氣中水蒸氣圍繞凝結核
（比如說細小顆粒、塵埃）形成的小水滴，這些水滴聚集多
了就變成了我們肉眼觀察到的白雲。隨著水蒸氣繼續聚集，
水滴越來越大，白雲就變成了烏雲。

水滴尺寸

　　那麼為什麼水滴變大可以使白雲變成烏雲呢？我們知道
水滴直徑是微米級的，因為粒子線度大於 10 倍的入射光波

長（考慮人眼可以觀測到的 400～760nm），所以我們應該利用米氏散射理論（Mie scattering）來解決這一問題。根據米氏散射理論，光強和顆粒大小成反比，因此水滴變大會導致光強變小，也就是亮度變低。

我們常說的「天黃有雨」也源於灰塵和水滴聚集。

51 為什麼推一下筆，筆往前走，它還會來回滾幾下再停？它受到了什麼力？

首先表揚一下這位提問者，你對生活細節的觀察很到位。

我們透過理論計算發現，如果筆桿是嚴格意義上的圓柱形（重心位於中心），桌面也是嚴格意義上的平坦（平坦不代表光滑，也就是說摩擦力依舊存在，不然筆也停不下來），那麼筆桿一定會直接停下來，而不是來回滾幾下再停，這是牛頓力學所決定的（有興趣的讀者可以簡單推算一下）。

因此，出現來回滾動幾下再停只可能是因為筆桿的重心並不是剛好在正中心，或者桌面有一些很細微的凹凸，或者二者皆有。筆桿大致呈圓柱形，與桌面的接觸面積很小，對上述的兩種擾動十分敏感，而筆桿最後停下來的位置肯定是位能最低的地方（重心最低），因此筆桿一般情況下會來回

滾動以調節自身的位置，從而最終找到一個穩定平衡的位置。

另外，物理君反復試驗發現，一般情況下第一個原因是主因，即筆桿的重心不是剛好處於正中心。當然，讀者也可以自己做個小實驗看看，方法很簡單，在筆桿上做個標記，然後多滾動幾次筆桿，看看是不是每次筆桿最終停下來時都是同一部位貼著桌面。

52 水滴滴到淺水中為什麼會出現小露珠？

這就是所謂的「反氣泡」。

我們都知道，氣泡是液體包著氣體形成的，而反氣泡則相反，它是由一層氣體包著液體形成的。當液滴周圍的一層空氣進入液體時，液滴和液體不會馬上相融，而會暫時保持原狀，周圍的氣體隔開當中的液滴，形成反氣泡。當出現在液體表面時，如果有空氣層的有效隔絕，液滴也不會馬上與液體相融，而會在表面上滾動幾下，這應該就是提問者所說的小露珠了吧。

應該說，降低表面張力是有效形成反氣泡的途徑之一。這是因為表面張力會使表面繃緊，呈現縮小趨勢，而降低表面張力可以使表面易於變形，便於空氣介入。物理所公眾號

2017 年 7 月 1 日「正經玩」欄目裡就有關於反氣泡的小實驗。洗潔精就是一種表面活性劑，有降低表面張力的作用。感興趣的同學可以複習一下。

53 假設熱水器裡放出來的水溫度基本恆定後是 35℃，關掉水，等一會兒再打開，水溫可能會從 33℃ 變成 37℃ 再變成 35℃。這是為什麼？

物理君在第一次用熱水器的時候也遇到過同樣的疑問，其實這是一個非常典型的理想條件和實際情況有差別的例子，用理想情況下的結論解釋實際現象難免會出現一定的偏差。

我們先看一下熱水器是如何把冷水加熱的：熱水器包含水箱（為簡化敘述我們只討論一個水箱的情況）、進水管、出水管和加熱裝置（加熱管等）。當熱水器正常工作時，冷水進入水箱，被加熱裝置加熱，然後熱水通過出水管流出，整個過程達到一種短時間的動態平衡，加熱裝置的熱量持續地被冷水帶走，這樣我們就可以獲得溫度恆定的熱水。

但是，當我們關閉出水口時，這種平衡就被打破了：水箱中的水不再有新的冷水補充，不過這時加熱裝置並沒有立刻停止加熱，因為即使斷電了，加熱裝置的溫度還是高於設定溫度，這部分多餘的熱量會對水箱裡的水持續加熱，從而

導致水的溫度高於設定溫度。當你重新打開熱水器，首先流出的是出水管殘留的被冷卻的水，然後是水箱殘留的過熱的水，接下來是剛進入水箱還沒來得及加熱的水，最後才是穩定的熱水。這就是奇怪的溫度變化出現的原因。

54 為什麼磁鐵高溫加熱後會失去磁性？

磁鐵中有一個又一個極微小的磁鐵（磁矩或磁疇）。你可以想像有這樣的兩股力量：一股是小磁鐵之間的力量，由於小磁鐵同向時能量比較低，兩個小磁鐵之間就有一股力量讓對方與自己同向；另一股是熱運動的力量，溫度越高小磁鐵的運動越劇烈，越不能老老實實地處於一個方向不動。前者有利於磁鐵整體擁有磁性，後者卻破壞磁鐵整體磁性。如果在絕對零度，沒有後者，所有小磁鐵都在相互作用下老實待在同一個方向，磁鐵整體也就具有磁性；大於絕對零度而在某個特定溫度以下，雖然小磁鐵具有熱運動的力量，但溫度不足以讓小磁鐵完全不老實，在小磁鐵之間的相互作用和熱運動的共同影響下，磁鐵仍然在某個方向上具有整體磁性。但溫度大於特定數值以後，小磁鐵就獲得了完全不老實的力量，不會整體趨於某個方向，而是處在雜亂的狀態。這個特定的溫度，就叫作居禮溫度（Curie temperature）。

55 為什麼超過聲速會產生音爆呢？超過光速會產生光爆嗎？

當物體在空氣中運動時，它實際上會擠壓在其前方的空氣，形成所謂的震波。震波以聲速在空氣中傳播，當物體的運動速度超過聲速時，被壓縮的空氣就會在物體前方堆積，產生極大的阻力。物體運動時產生震波的波前會分佈在一個圓錐面（馬赫錐）上，在這個錐面上，空氣的壓力、密度等參數都會有很大變化，當震波面穿過人耳時，耳朵的鼓膜會感受到這種壓力的變化，因而會聽到巨大的轟鳴聲，這就是音爆。事實上，在介質中，帶電粒子的速度超過介質中的光速時，也會產生類似的現象，這就是契忍可夫輻射（Cherenkov radiation）。

56 為什麼雷射的光斑看起來是很多細微的小光點？

恭喜慧眼如炬的你發現了雷射散斑現象！這本質上是光的干涉效應。雷射具有良好的單色性和相干性，當它照射到一般物體的粗糙表面上，再從凹凸不平的地方反射到眼睛裡時，會有一個微小的光程差，光波因而相互干涉，有的相長，有的相消，從而形成有明暗分佈的斑點。這裡提到的粗

糙是相對於光的波長（幾百奈米）而言的。與之類似，雷射透過表面粗糙的玻璃（如浴室的毛玻璃）時，你從背面也可以觀察到細小的散斑。然而以上知識點太簡單了，我們可以稍加深入，做一些有趣的拓展。

當反射面或透射面上的凹凸起伏隨機時，散斑沒有明顯規律；而如果在被照射的透明板上特意設計和製作圖案 P，就可以讓射出的無數束光相互干涉（其實就是繞射）形成特定的圖案 P'，二者可以用傅立葉變換聯繫起來。玩具雷射筆的前置圖案頭、酷炫的全像圖等都與這個原理相關。

舉個最簡單的例子，你可以在鏡子上劃一道痕跡（若有人因此挨打，物理君概不負責）或者放一根頭髮（脫髮的朋友請珍重），用雷射照射鏡面，並讓光線反射到牆上，這樣你很容易觀察到明暗相間、整齊排列的單狹縫繞射條紋，運氣好的話，照到圓形的坑點或細小的灰塵，雷射會在牆上映出一系列類似牛頓環的同心圓來。

麻雀雖小，五臟俱全，可別小看普通的雷射筆哦，在家裡完成這些實驗毫無壓力，快去試試吧！另外特別提醒一下，由於波長越長繞射效應越明顯，選用紅色雷射會比綠色、紫色的更容易觀察到現象哦。

57 哪種材料可以取代矽，成為下一代支援微電子產業發展的材料？

隨著加工技術的進步，矽材料在微電子產業領域還能發展很長一段時間，矽材料的加工工藝已經相當成熟，不是說取代就能取代的。我們現在研究新材料，並沒有抱著取代矽的目的，只是希望能找到性能更好的材料來滿足不同領域的需求。

任何一種材料都有自己獨特的性能，現在還沒有一種材料能面面俱到，我們只能對新材料因材施用，取長補短。舉個例子，現在比較熱門的石墨烯與矽相比遷移率高，電導率高，柔性透明，因此在透明柔性導電膜領域有著潛在的應用價值，但石墨烯也有它的問題，其開關比很低，無法用於邏輯器件。再舉個例子，現在興起的類石墨烯二維半導體材料與石墨烯相比雖然遷移率不夠高，但光電性能非常獨特，在單光子雷射器等光電器件的研究中非常重要。

畫重點：資訊社會是一個多樣化的社會，材料也是多樣化的，各種材料互幫互助，能滿足社會進步的需求才是最重要的。

58 兩平面鏡夾成一個小於 180° 的角，夾角中放一物體，為什麼在夾角中看到不止兩個物體的像？

很明顯，兩個鏡子共形成了三個虛像。

我們把左中右三個虛像記為像 1、像 3、像 2（不要懷疑你的眼睛，數字沒有標錯），把左右兩面鏡子記為鏡 1、鏡 2。這個現象可以這樣解釋：物體在兩面鏡子中分別形成兩個虛像（像 1 和像 2）；然後像 1 在鏡 2 中、像 2 在鏡 1 中分別形成虛像。兩個虛像相互重合疊加形成像 3。像 3 繼續在鏡 1、鏡 2 中成像，但是新的像和之前的像都是重合的。所以，最終結果就是兩面鏡子形成了三個像。

你可能會問，虛像怎麼在鏡子中成像？其實物理過程是這樣的：物體反射的光經過鏡 1 的反射形成像 1，反射光對鏡 2 而言和擺在像 1 處的物體發出的光完全一樣，所以鏡 1 的反射光又經過鏡 2 反射形成了像 3，而像 3 的位置就是擺在像 1 位置處的物體經過鏡 2 所成虛像的位置。說句人話就是，透過畫光路你會發現像 1 和像 3 與鏡 2 鏡面對稱，所以也可以說像 3 是像 1 在鏡 2 中的虛像。一般來說，當夾角可以被 360 整除時，虛像個數是（360／度數）－1，讀者可以自行分析無法整除的情況。

生
活
篇

—— Part2 ——
腦洞篇

01 可不可以算出傘的最佳撐法？

這個問題好可愛。

這個很好算嘛。主要原則是，傘面應該儘量與雨滴的運動方向垂直。這樣，用雨的橫向速度（因為有風嘛，所以有橫向速度）減去（向量減）你運動的橫向速度，就得到了雨相對於你的橫向速度。這個橫向速度與雨滴垂直下落的速度的比值，是雨滴與地面夾角的餘切值。這裡套一下反餘切函數，你就得到了想要的夾角值。傘把向著雨勢方向傾斜，這個夾角就是傾斜的傘把和地面的夾角。

思考題：在雨中打傘，人怎麼移動淋雨最少？

02 為什麼光走的路程總是最短？光怎麼知道那條路最短？

這個叫費馬定理，嚴格的表述是：光走過的路程總是一個泛函極值（一階泛函導數為 0）。問題是，為什麼光知道這條路徑是一個極值呢？（這條路徑總是最短的，有些情況下也是最長的，但總之是極值。）光有意識嗎？

光當然沒有意識了。這個定理讓人不舒服的一點在於，它不是一個局域的理論，不是「前一瞬間的物理狀態決定下

一瞬間的物理狀態」那種理論。它是一個總攬全域的理論，就好像光已經走過了無數條路徑，最後選了一條最短的。

　　不過，這還真的比較接近事實（容物理君壞笑一下）。在量子力學中有一個路徑積分表述：我們可以認為光在運動的時候同時走過了所有可能的路徑，然後各個路徑互相干涉疊加抵消（這有點像薛丁格的貓，又有點像光學中的菲涅爾原理），最後得到的就是這道光的實際路徑。而在古典極限下，也就是當普朗克常數趨於 0 的時候，那些不是泛函極值的路徑迅速干涉抵消乾淨，最後剩下的古典路徑就是一條一階泛函導數為 0 的極值路徑。

　　（想瞭解更多的同學快去翻翻費曼的物理學講義吧。這個問題裡面營養很多的，都是可以細嚼慢嚥的那種。）

03 既然光速是定義值，人們為什麼要用 299792458m/s？為什麼不定義個好記的，比如 300000km/s？

這就說來話長了，我們得從物理學的源頭說起。

幾千年前，人們定義了最早的兩個物理量：長度、時間。有了長度和時間，人們自然就可以定義速度了。力學發展起來後，我們又定義了加速度、力、動量。再往後，物理大廈越來越高級，我們又定義了更多的物理量：電流、電壓、電感、電容率、磁化率……

我說這些，目的是讓你心中有一個意識：物理量的出現是有先後順序的，後出現的物理量在單位的選取上一定要遵從已出現物理量的單位習慣，否則容易亂了秩序。

長度的國際單位是公尺，它最早的定義是通過巴黎的地球子午線長度的 1/40000000，而時間單位秒的最早定義是地球自轉一次所花時間（一天）的 1/86400，這裡 86400＝24×60×60。

人們從 17 世紀就開始測量光速了，在 19 世紀測出的光速已經很接近現在的測量值了。1862 年，傅科（Jean-Bernard-Léon Foucault）的實驗測得的光速是 298000km/s。

同時期，英國物理學家馬克士威（James Clerk Maxwell）提出了馬克士威方程組，統一了電磁學，也證明電磁波的真空傳播速度等於真空介電常數與真空磁導率的乘

積的平方根的倒數。他發現這個速度與光速高度一致，從而斷言光也是電磁波，這一點後來得到證實。

歷史課補完了，現在我們回到問題。光速是定義值嗎？可以是。我們可以把光速定義為真空介電常數與真空磁導率的乘積的平方根的倒數。

那我們為什麼不把光速定義為 300000km/s，而要用 299792458m/s 這麼奇怪的數？因為 299792458m/s 是在原有長度時間單位制下的實際測量值。我們可以把光速定義為 300000km/s，但那會與已經出現的物理量的單位習慣產生衝突。

可是，光速是可以用理論推導出來的量，這並不是一個完全獨立的實驗測量值，這個矛盾該如何解決呢？

理論推導告訴我們的其實是這樣一件事：真空介電常數、真空磁導率、光速，這三者只有兩個是獨立的。這就好辦了，後出現的物理量遵從先出現的物理量的習慣。在這裡，真空磁導率是輩分最小的軟柿子。我們重新定義它就好了。這就順便解決了很多朋友的另一個疑惑：為什麼真空磁導率的值（$4\pi \times 10^{-7}$T·m/A）[1] 這麼整齊？因為這根本就是人為定義的呀！

後記：為了更精確、更嚴謹地定義國際單位，對於公尺

1　編註：T：特斯拉；A：安培

的定義，人們在 1967 年拋棄了依賴地球的老辦法，改成了「光走 1 秒的距離的 1/299792458」。秒的定義也經過了修改，現在的定義基於能夠保障其精確性的銫原子振盪頻率。

以上就是公尺和光速這對冤家的故事。

04　在颱風的風眼扔一顆原子彈會怎麼樣？

物理君要讚美這個腦洞！哈哈！

這應該沒什麼影響，原子彈的衝擊波範圍也就十幾公里吧。一個大點的颱風風眼直徑動輒二、三十公里，更不要說週邊幾百上千公里的氣旋了。原子彈連風眼都填不滿。大自然說，你們人類完全不夠看啊。

我知道，這肯定不是你們想要的答案。那我們來腦補一個特別特別大的原子彈和一場小型颱風吧！

首先颱風眼是地表的低氣壓中心。大氣從四面八方流向風眼，然後在風眼週邊湧向高空。在那裡丟一顆原子彈，原子彈釋放的大量熱量會使颱風中心的氣壓短時間升高。這使得颱風短時間減弱。然而這並沒有（那個什麼）用，熱空氣會迅速往上層大氣湧，這又加劇了地表的低氣壓，於是更猛烈的颱風即將產生。

所以，核彈對颱風是完全沒有辦法的。這是螳臂擋車

呀！砸顆小行星說不定有用。

05 水熱是因為水分子劇烈運動，但是為什麼不管如何攪拌水，水都不變熱呢？

水的比熱是 $4.2 \times 10^3 J/$（$Kg \cdot ℃$），假設一杯水有 200mL（毫升），把它從 20℃ 加熱到 100℃ 需要多少能量呢？答案是 67200J（焦耳），這個能量足夠把一個正常的成年人豎直往上托舉 100 m。

雖然攪拌的時候能量的確全部變成了水的熱量，但很可惜，那個量實在是太小了。

06 如果失控的電梯在做自由落體運動，裡面的人在電梯即將落地時跳起，電梯在人落地前落地，那麼此人會受傷嗎？

別笑，很多人小時候都想過用這種方法避險。答案當然是不行了。我們詳細分析一下為什麼不行。男子跳高世界紀錄是 2.45m，別忘了這是背越式的，運動員實際重心升高不到 2m。這還是在有助跑的情況下。美國職業籃球聯賽球星克里斯·韋伯（Chris Webber）原地起跳紀錄是 1.33m，別忘了人家跳之前會下蹲蓄力加抬腿。

很不幸，你在自由落體的電梯裡面，所以別說助跑了，下蹲都做不了。

現在，假設我們什麼都不管了，我們瘋了，我們認為你骨骼清奇，原地一蹦 2m 高。可那又怎樣？比如，電梯從 10m 高的地方失控，那你蹦完之後速度一抵消的效果，等於你從 8m 高的地方開始失控。你還是別跳了⋯⋯

現在，我們假設你是不世出的絕頂高手，苦修 40 年就是為了今天，你一蹦 10m 高！而且電梯天花板也非常懂事地先自己消失一會兒。這回你終於能活下來了吧？

很遺憾，並不能。你還是別跳了⋯⋯

要記住，真正殺死你的不是速度，而是加速度。

07 太陽溫度那麼高為什麼沒蒸發？

第一，太陽表面已經是氣態和等離子態了；第二，太陽表面重力很大，是地球的 28 倍，氣體無法逃逸到太空中去。（耀斑和日珥是例外。）

08 人、老虎之類個子大的生物從高處掉落會摔死，而螞蟻、蟑螂之類的小動物似乎從多高處掉下來都不會摔死，請問這是為什麼？

這個問題很好，我們分兩部分解釋。

第一部分關於空氣阻力和終端速度。在空氣中，自由下落的物體的速度並不會一直增加，當空氣阻力等於重力時，物體就等速下落了。這時候的速度叫作終端速度。一個物體受到的重力大小跟它的體積，也就是長度的立方，成正比，一個物體的空氣阻力大致與速度跟截面積（長度的平方）的乘積成正比。如果空氣阻力等於重力，我們立即就得到一個結論，終端速度與長度成正比。也就是說，越大的物體終端速度越大。

第二部分關乎標度變換與強度的關係。我們在很多地方都看到過這樣的描述：螞蟻能舉起相當於自身體重幾十倍的

重物，如果螞蟻像人那麼大的話，它就能舉起卡車。這個說法其實是不對的，這裡錯在把標度不變性套用在了不具有這種性質的物件上。如果螞蟻真的像人那麼大，它唯一的命運就是幾根纖細的腿被自身體重壓得站都站不起來。

這裡的原因和上面提到的原理相似。因為重力與長度的立方成正比，而支撐你身體的骨骼的強度只正比於骨骼的截面積，也就是長度的平方；你的運動能力只正比於肌肉的橫截面積，也是長度的平方。這導致的後果就是：結構相同的情況下，動物越大越脆弱，越容易受傷。

（藍鯨離開水面很快就會死亡，但死因並不是窒息，它是用肺呼吸的！關鍵在於，藍鯨體重太大，離開水後血壓激增，導致心力衰竭。也就是說，它們會自己把自己壓死。）

09　我們穿越回古代（比如秦朝）能發電嗎？

為了這個問題，物理君專門跑去翻了《史記》，這真是太為難理科生了。（不過術業有專攻，我盡力而為，如依然有史實錯誤，望勘正。）

首先，秦朝的青銅冶煉技術已經非常成熟。而生鐵冶煉技術始於春秋後期，西漢開始大範圍應用，秦朝的冶鐵技術就算沒有成熟也不會差到哪裡去。這樣我們就有了兩種電化

學活性不同的金屬，青銅和鐵，理論上就有了製造原電池的可能性。不過，由於鐵和銅的電化學活性差得不是特別多，再加上鐵中雜質多，青銅中又摻有少量錫。因此，這個原電池的效率必定是極差的。

當然，光有金屬電極還不行，還要有酸和鹽組成的電解液。這在秦朝還真不一定有。因為常見的酸性植物，番茄啊，檸檬啊，那時都還沒引進。唯一本地產的柑橘又在南方，而中國的南方大開發還要等到三國和南北朝時期。好在我查了一下，發現「橘生淮南則為橘，生於淮北則為枳」這句話原來出自《晏子春秋・內篇雜下》。我順手還發現原來春秋時期我們就已經有醋了！所以酸液也有了！因此，在秦朝，雖然電燈泡是完全沒有機會造出來的，不過電池可能真的能造出來哦！

這還沒完，秦朝有沒有磁鐵這個事情似乎還沒有定論，但磁鐵是可以造的。將鐵粉部分氧化成四氧化三鐵，然後燒結成塊材，再讓它緩慢降溫到居禮溫度以下，這樣它就可以在地磁場的誘導下成為一個比較弱的磁鐵（這是富蘭克林說的）。這樣，有了磁鐵，有了鐵銅做的導線（當然，那時的鐵銅有可能延展性差，不足以製成線，不過無妨，不行我們就用金嘛），彼時蜀郡郡守李冰正在興修都江堰，當時的人有一定的水利工程能力，那麼……你懂的。

10 數學為什麼一定要以十進位為主？為什麼沒有人從不同進制研究質數在數軸上的分佈規律？

因為數學家清楚，質數的分佈和進制是沒有關係的。5在十進位中是質數，在二進位中也是質數，只不過把名字換成了 101 罷了。

所謂二進位、十進位，實際上只是數的不同表示，就像物理中不同的單位制一樣。一個物體有多重就有多重，並不會因為單位從公斤變為盎司就有所改變。

11 一隻蒼蠅在汽車裡飛，沒有附著任何東西，它為什麼會相對地面跟汽車保持一樣的速度？

它並不是沒有附著任何東西。它附著空氣。空氣附著車。

其實常見的一類問題個個都可以用上面這句話回答。比如：為什麼飄在空中的熱氣球還是會跟著地球自轉？因為空氣跟著地球自轉。空氣之所以跟著地球自轉，是因為如果不這樣，地表就會不停地摩擦空氣，使它慢慢轉起來，直到達到穩態。

12 人的正常體溫通常是 37℃ 左右，可為什麼環境溫
度還沒到 30℃ 人就開始感覺熱，37℃ 的時候就會
熱到變形？

37℃ 真的會讓人熱到變形哦。

人體會發熱，靜息情況下（不走不跑不跳不表白不被表
白），一個成年人的發熱功率大概相當於一顆 100W（瓦）
的電燈泡。在不發生別的變化時，熱量只會自發地從高溫流
向低溫，且溫差越大流得越快。如果環境溫度跟體溫一樣都
是 37℃，那這些自身產熱就很難流出體外。人體又是一個特
別精細的系統，多一兩℃都是要命的。但如果沒有散熱，一
個 50kg 的成年人的自身產熱只需不到一個小時就可以將體
溫上升一兩℃。所以室溫 37℃ 的時候，人體一定會大量排
汗，透過蒸發吸熱來帶走體內熱量。換句話說，熱力學告訴
我，環境溫度 37℃ 一定會讓你出汗，你不出汗就中暑了，
快送醫院。

另一方面，太冷也不行，太冷就要身體額外消耗能量來
保暖了（比如發抖）。綜上，20℃ 就是一個可以愉快散熱又
可以不用保暖的剛剛好的溫度啦。

發熱功率 100 W

6 ℃   37 ℃

13 如果一個立方公分的空間裡面填滿質子，它的質量會是多少？換成電子呢？

一個立方公尺的空間塞滿質子，那密度就和中子星的密度差不多了，也就是每立方公分（一個骰子）幾億噸。換成電子的話，密度大概是這個的兩千分之一。

順便說一句，如果把地球上的物質都按這種辦法緊密地排上，那地球就成了一個直徑大概 22km 的球，投影面積比北京二環[2]大一點點。

2　編註：約 62 km^2，將近 1/4 個台北市大小。

14 圍棋棋局的變化數真的比已知宇宙的原子數還多？

不是多，是多得多得多得多。

標準圍棋是 19×19 的棋盤，總共 361 個落子點，每個點有放白子、放黑子和不放子三種狀態。那麼棋盤總共就有 3^{361} 種狀態，約為 10^{172}。宇宙中已知的原子數大約是 10^{80}。所以這不是多的問題，假如把很多宇宙加起來讓這一堆宇宙的原子總數等於圍棋的變化，那麼光是這堆宇宙的數量都要比一個宇宙中的原子數量還多。

15 據說一頭 200kg 的豬四腳站在地面上時，對地面的壓力約為一個大氣壓（1atm）。水下 10m 處的壓力相當於增加了一個大氣壓。那麼潛水夫要如何承受住來自各個方向的豬的踩踏呢？

用一個手指頭輕輕戳一下雞蛋，你很容易把雞蛋戳碎；把雞蛋握在手中使勁捏卻不那麼容易捏碎。這是因為雞蛋被握在手裡時是均勻受壓的。

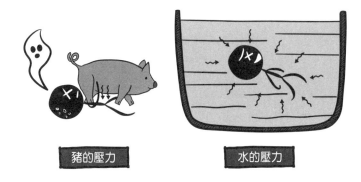

豬的壓力　　　　　　　水的壓力

換句話說，雖然過大的壓力的確對物體有破壞作用，但壓力分佈不均勻帶來的剪應力對物體的破壞作用更大。而分佈均勻的高壓在一定程度上是比較容易承受的。

16　把核廢料投到活火山口裡會怎麼樣？

那麼核廢料會充分地熔解在岩漿中並流得到處都是⋯⋯

17　人類思想意識不同於電腦晶片和程式，它是如何產生和運行的呢？

針對大腦的物理建模我們是有一些的，不過還都處於比較初始的狀態。比如，我記得有些（嚴肅的）論文指出，如

果把神經元看作格點，把神經元之間的連接看作格點近鄰相互作用，那麼大腦的神經元在工作時的狀態正好處於統計模型中的相變臨界點附近。

解釋意識的完美的物理理論目前還沒有建立起來。但可以肯定的是，意識也好，大腦也好，都不會違背物理定律。所以（解釋大腦和意識）這樣的物理理論是可能出現的。凝聚態物理學家信奉一句話：「More is different.」大腦是一個如此龐大複雜的系統。解釋它的理論一定是全新且極端複雜的，也許我們很難得到它，也許我們永遠也得不到它。但它可以存在。

（本答案包含個人觀點，讀者請自行判斷。）

18 為什麼原子彈、氫彈爆炸會有蕈狀雲？在月球表面爆炸的核武器是不是就不會有蕈狀雲了？

其實原子彈和氫彈在剛爆炸的一瞬間都是一個無差別的球形大火球。但很快，爆炸釋放的大量熱量把周圍空氣加熱到了很高的溫度，熱脹冷縮使得周圍空氣體積膨脹密度變小，在冷空氣浮力的作用下開始快速地往上運動，形成「蘑菇柱」。

由於熱空氣在快速上升的過程中一直與周圍的冷空氣接觸，當上升到一定高度後，原來的熱空氣已經冷卻到與周圍

空氣差不多的溫度。此時空氣不再繼續上升，轉而向四周擴散或被灰塵拖著下降。但上升氣流會不斷把周圍的冷空氣「拽」上來，所以下降氣流一定會撞上後面的上升氣流，於是被加熱再次上升，在一定高度上迴圈。這就形成了蘑菇頂。

因此，蕈狀雲的形成和核彈並沒有直接聯繫，理論上只要炸彈威力足夠大，能夠在大氣層中把大量氣體瞬間加熱到很高溫度，就能形成蕈狀雲。

但在月球上卻不行，月球上沒有空氣，當然就看不到蕈狀雲這種實質上是氣體熱對流的東西嘍。

19 有真正意義的「單色光」嗎？三棱鏡分光到無窮遠時，能把「單色光」像分顆粒一樣分開嗎？

實際系統中沒有嚴格意義上的單色光，這是由量子力學中的不確定原理造成的。在量子力學中，光的顏色越「單色」，光子的動量不確定性越小，根據不確定性關係，光子的位置不確定性越大。而位置的不確定性不可能無限大，所以光子不能嚴格單色。

太陽光分光最後會出現一些分立的譜線。不過原因並不是上面說的這個，這些譜線來自太陽上的原子的原子光譜。

20 如果地球上的植物都消失了，剩餘的氧氣可以讓人類存活多久？

　　地球大氣總質量大約是 5×10^{18} kg，氧氣占比大約 20%，那就是10^{18} kg。（還挺整齊的！）普通成人每分鐘耗氧量大約為 250mL，每天大約就是 $0.35m^3$。70 億人每分鐘耗氧大約 25 億 m^3。標準大氣壓下大約折合 32 億 kg 的氧。另外，空氣含氧量低於 10%人就窒息死亡了。於是氧氣儲量人類只能利用一半。

　　結論：大概能活 1.5×10^9 天，40 多萬年。加油喘吧！

　　（PS：地球岩石圈的氧氣儲量其實比大氣圈要多得多，但是這裡不予考慮，因為它們釋放得太慢了。）

　　（PPS：這有什麼難的？小學數學題嘛。你們呀，就是不如物理君勤快。）

21 失重狀態的人能否點燃蠟燭？能的話，燭火會是球形的嗎？

　　蠟燭的燃燒需要氧氣。在失重的條件下，由於沒有了熱對流，冷空氣不會下降，熱空氣不會上升，充足的氧氣也就不能到達蠟燭周圍，從這一角度來看，蠟燭是不會燃燒的。但是氣體的擴散效應也是必須考慮的。由於蠟燭周圍的燃燒

產物濃度高，環境的氧氣濃度高，氧氣就會向蠟燭周圍擴散，燃燒產物向空氣中擴散，只要擴散效應提供的氧氣可以滿足蠟燭燃燒的需求，那麼蠟燭就可以燃燒。實驗表明，在微重力情況下，蠟燭是可以燃燒的，只是燃燒的速率沒有重力環境下大。蠟燭燃燒的火焰準確地來說是半球形，因為沒有了對流，火焰會分佈在燭芯的周圍，從對稱性來看就會成為近似的半球。

22 如果將昆蟲原比例放大，它們的外骨骼要有多硬才能支撐它們的重量？

　　通常生物的尺寸越大，身體所承受的壓力越大。簡單的數學告訴我們，在身體構型不變的情況下，身體所承受的壓力與尺寸成正比。所以，電影裡面的哥吉拉小怪獸在陸地上行走真可謂是「壓力山大」。我們可以估計一下，有資料顯示：哥吉拉同學的身高約 110m，體重達 9 萬 t（噸）。如果用人類中最胖的體形做一個比對，那麼它的骨骼承受的壓力大約是一個正常地球人的 200～300 倍。這已經超越了人類長骨的壓縮強度（約 200Mpa〔兆帕〕）。況且，這還是以人類能承受的最大壓力來算的，實際上，比較脆弱的環節像關節、內臟等能承受的閾值比這小得多。這就是為什麼陸地上沒有特別大的動物。曾經稱霸一時的恐龍的最大體形不過

幾十公尺長，而且都是標準的短粗腿。

昆蟲的外骨骼成分主要是幾丁質（一種多糖）和蛋白質。這種材質的強度物理君沒有查到，不過顯然和人類的骨骼沒法相比，而且剛性程度不能滿足要求。所以，就算把螞蟻放大到人類大小也能勉強站起來，但是我們也不願意看到螞蟻互相打個招呼整個身體都跟著搖晃的場面。至於提問者所問的把昆蟲放大，外骨骼要達到什麼強度才能撐起它們的重量，物理君只能說原來的外骨骼肯定不行。至於什麼材料是合理的和完美的，看看我們的周圍吧，神奇的大自然早就把答案說出來了。

23 能簡單描述一下閃電產生的原因嗎？為什麼閃電不走直線，而是分叉的？不是兩點之間直線電阻最小嗎？

雨天經常伴隨出現閃電，閃電的產生包含了許多物理過程：雲層和地面由於摩擦等帶上了相反的電荷，電荷的集聚使雲層和地面之間形成了強電場。空氣由各種氣體分子構成，其自身並不導電，所以一般情況下我們是看不到閃電的。但這些分子中的電子在強電場的作用下脫離原子核的束縛，空氣變成由電子和離子形成的組合體，所以變得可以導電。電子在電場的作用下發生能階之間的躍遷，這種躍遷伴隨著發光，這就是閃電。

但是大氣中游離物質的分佈並不是均勻的，因此空間中兩點之間並不是直線通道的電阻最小。且閃電路線沿著電阻小的通道延展開來，而空間中電阻小的通道顯然不止一條，所以就會有這樣的現象——閃電走的路線是曲折並且分叉的。

綜上，閃電分叉的關鍵有兩個，一是導電介質——游離物質的分佈，二是這些導電物質的運動。

　　游離物質來源於太陽輻射、地面輻射，以及宇宙射線與大氣分子的作用，一個能量足夠高的光子（或其他高能粒子）能將電子從一個分子或原子中「撞」出去，從而留下一個正離子並在「遠」處形成一個負離子。因此大氣中總存在個別離子，比如失去一個電子或者額外獲得一個電子的氧分子。而這些剛剛形成的離子會透過電場吸附周圍極性分子，成為小團塊，與其他團塊一起在大氣電場中到處飄移。其中「大離子團」在電場中移動較慢，而「小離子團」則最易於移動，於是空氣中的電導率隨離子團大小變化。這些「離子團」分佈不均勻是因為高空大氣有局域對流以及風在地面刮起灰塵（作為「核」拾取小離子電荷形成大離子），或者人

類把各種污染物（PM2.5）拋入大氣中，導致靠近地面的電導率變化得很厲害。這也是為何靠近地面時，閃電會出現更多分叉以及彎曲程度更高。

參考資訊及文獻：

（1）雷暴雨雲中電荷分離的理論是威爾遜（C.T.R.Wilson）首先提出來的。1911 年，他把這個現象與自己的理論結合改進了威爾遜雲室（1896 年最先由威爾遜發明）。威爾遜也因威爾遜雲室，最早的帶電粒子探測器，獲得了 1927 年的諾貝爾獎。

（2）《費曼物理學講義》，第二卷，第九章。

24 假設我們能看見氫分子，那我們會看到什麼景象？我們會看到兩個小球在高速振動嗎？

不用假設，你確實有可能看見氫分子。

我們先解釋一下什麼是「看見」。狹義地說，「看見」一個物體表示你接收到那個物體向你發過來的處於可見光波段光子。氫分子不同的分子位能曲線之間的能階差大概是可見光到紫外波段，只要這個氫分子做了這樣的能階躍遷，發出的光子被你接收到（據生物學家說，人眼的感光細胞可以對單光子做出回應），你就看見了氫分子。至於問題的後半

段所提到的景象，假設你的「看見」是廣義的，比如說你以某種方式確定兩個氫原子的位置，並且能分清楚它們振動的位移的話，這種方式帶來的擾動必然會影響到這個氫分子的狀態。至於電子雲，這是電子波函數在空間分佈的一種表示方式，只是個機率分佈，不可能被看見。

25

假設有一列速度接近光速的火車，靜止時的長度比隧道的長度長。它經過隧道時，兩道閃電同時擊中隧道的兩端，但由於長度收縮（Length contraction）效應，站在隧道旁邊的人看到火車完全進入了隧道，剛好不會被閃電擊中。但是，站在車上的人看到的卻是隧道變得更短，不可能完全遮住整列火車，那麼他看到的閃電會不會擊中火車呢？

其實這是一個比較經典的狹義相對論問題。提問者的問題可以描述為：在地面參考系看來，隧道兩端同時發生的事件，在火車參考系看來它們的空間座標是否落在火車內？我們透過勞倫茲變換（Lorentz transformation）就能得到答案。

狹義相對論告訴我們：如果隧道的長度恰為 $\sqrt{1-v^2/c^2}$ 倍的火車長度，那麼能夠同時擊中隧道兩端的閃電也恰能擊中火車兩端。但是在火車上的人看來，兩端遭受電擊並不是同時的，他們先看到頭部與隧道前端重合，受到一次電擊，然

後尾部與隧道後端重合又受到一次電擊。（還是上車更刺激。）

雖然這個結果有點反直覺，但是這是滿足光速不變原理的必然結果。理解相對論的關鍵在於理解光速這個概念。首先它代表了物質運動相對於一切參考系的極限速度（光只是一個代表），所以速度不可能線性疊加。然後，光速不變是一個原理，也就是一個假設，當然，這個假設得出的推論符合實際，這才是它的價值所在。

物理君在這裡還想留個思考題：火車上的人看到的能同時擊中火車兩端的閃電，在地面上的人看來能否擊中隧道兩端呢？

26　能不能人工製造海市蜃樓？

海市蜃樓分為上現蜃景和下現蜃景兩種。前者一般出現在冰川等寒冷地帶，空氣密度和折射率在高空小，在地面大，因此景物反射的光在向上傳播的過程中會逐漸偏轉，最終發生全反射，人眼看到的景物如同浮在空中一樣。

下現蜃景一般出現在沙漠或夏天的柏油路上。空氣密度和折射率在高空大，在地面小，周圍景物反射到地面的光會被地表空氣全反射，在人眼中景物如同水中的倒影，讓人誤

以為地面上有一潭水。

　　海市蜃樓產生的原理並不神秘，事實上我們只需一塊折射率有變化的介質就可以看到類似的效果。

27 據說孫悟空是以音速飛行的，因為他的筋斗雲就是音爆雲，這是真的嗎？在水中以音速運動又是怎樣的情況呢？

　　聲音的本質就是介質振動的疏密波（縱波）。一架飛機飛行的過程中碰撞空氣產生振動，這種振動就以聲波的形式向外擴散。

　　當達到音速的時候，飛機在碰撞自己跟前的空氣，而空氣卻來不及將這種擠壓擴散出去，因而被緊密地壓在一起，對飛機產生劇烈的阻力和擾動，這一現象叫音障。

　　在這一過程中，被擠壓的空氣有很大的壓力，高壓下空氣中的水蒸氣被液化成小水滴，形成一片白色的「雲」。這一現象就叫音爆雲。

　　音爆雲和音爆都只在飛機突破音速的那一刻產生，一般來說持續幾秒鐘——沒有飛機會一直卡著音速飛行。速度完全超過音速以後，飛機自身反倒平靜了許多。飛機仍在碰撞空氣，但它將自己發出的聲音甩在了身後，本來應該以球面波形式傳播出去的聲波波前此時形成了一個錐形面——飛機

在錐尖的位置。

　　飛機外面的你在「聲錐」之外什麼都聽不到。當聲錐介面經過你的位置時，空氣壓力的突變會使你聽到如爆炸一般「砰」的一聲，這就是音爆現象。之後你在聲錐之內了，聽到的就是正常的飛機飛行聲。

　　上面描述的「聲錐」有個學名叫「震波」。在任何介質中，點波源的速度超過介質中的波速，都會產生震波現象。水中聲速為 1500m/s 左右，如果一個物體能在水中超過這個速度，想必會產生比空氣中更加劇烈的震波現象，只不過這樣的現象很少被觀察到。

　　雖然水中聲速很快，但水面波（就是一枚石子投入水中產生的漣漪）往往波速很慢──一般每秒只有幾公尺。跑得快的船在水面可以產生艏波，這也是一種震波現象。

　　事實上，這一現象甚至對光也成立。真空光速是不可超越的，但介質中的光速卻可以。一些高能粒子可以具有比介質中光速更高的速度，這也會發生類似的震波現象，學名叫契忍可夫輻射。這一現象在高能粒子的探測中有重要應用。

28

地球是一個球體，將其表面展開鋪平，得到的不該是一個矩形，但為什麼時區劃分圖中的世界是矩形的？

　　地球是三維空間中的球體，而地圖則是二維平面中的圖。你沒有辦法將一個球面變成一個平面。當採用不同投影方式將地球表面映射在二維平面上時，每一種投影方式都會使地球表面產生變形。因此，世界上沒有完全精確的地圖，各種地圖都是為方便實際使用設計的，都會著重保證某一方面的真實性。

　　時區是以經線來劃分的。為便於時區劃分，經線劃分圖上將經線變形為直線。這種地圖多採用麥卡托投影法（Mercator projection）製作。這種投影方法，簡單講就是假設有一個和赤道面垂直的圓柱套在地球上，這時在地心點亮一盞燈，燈光會將地球上各個點映射在圓柱上。把圓柱展開，這種矩形地圖就出現了。

　　不過實際上我們較少用到矩形的地圖，因為矩形地圖失真很嚴重。使用麥卡托投影製作的地圖，緯線和經線是相互垂直的直線，但緯線越接近兩極地區，間隔就越大，到南北極點時，緯線間距離達到無窮大。由此造成的結果，就是地圖在赤道地區非常精確，但在兩極地區則變形極大。

　　至於為什麼常見的世界地圖多接近矩形，這主要是出於

地圖實用性的考慮。為了不將地球上的大陸生生切斷，地圖的邊緣形狀必須較為規則。（想一想，如果你的國家在世界地圖上被邊緣切開了，你是不是會非常鬱悶？）橢圓形的世界地圖既保證了失真不特別嚴重，又使各塊大陸、各個國家的形狀都能在地圖上得以完整地展現。因而，這種出於綜合考慮的地圖實際使用最為廣泛。

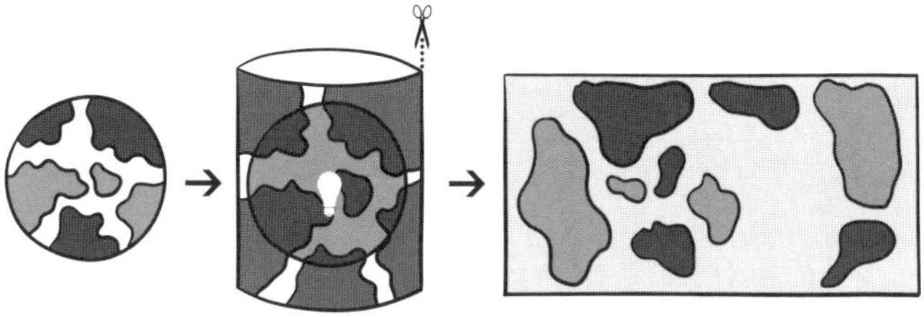

29 什麼是波茲曼大腦？

波茲曼大腦（Boltzmann brain）是一個很有趣的問題。高度無序的系統越發穩定，越發不可能產生特殊變化，例如產生生命。因此生命幾乎不可能出現在高度無序的系統中，而是誕生於宇宙較早時期，此時熵極低，可能產生生命（雖然機率極小但卻可能發生），並演化成高級生命，比如我們人類。

　　然而，對於人體來說，單獨大腦出現的機率大於人體出現的機率。也就是說，宇宙中很可能出現一種完全由大腦構成的生命，這就是波茲曼大腦。這些大腦很可能存活了下來，並在虛空中進行著超越人類極限的思考，甚至構建出我們所熟知的世界系統。細思極恐！實際上，我們自己都不能確定我們是否生活在我們大腦所構建的模型當中。

　　這個問題有點像「缸中之腦」（Brain in a vat）的猜想，只不過沒有邪惡的科學家，而是以條件機率為基礎。歷史上，奧地利物理學家路德維希・波茲曼（Ludwig Eduard Boltzmann）確實是在研究熱力學時想到的這一問題，但實際上，我們可以透過機率，而不基於熱力學討論它。

30 汽車、高鐵和飛機的表面能不能做成高爾夫球那樣表面坑坑窪窪的樣子，從而減小空氣阻力，減少燃油或電力的消耗？

　　物體在空氣中運動所受到的阻力主要有兩個來源：（1）摩擦阻力，又叫黏滯阻力，這是和空氣摩擦產生的力；（2）壓差阻力，這是運動物體前方高壓區和後方低壓區產生的壓差帶來的力。我們都知道，一塊垂直在空氣中運動的平板會受到較大的阻力，如果把平板前方（左側）的高壓區用半橢球狀的物體填滿（如圖），那麼氣流在前方早一

點貼合物體,就會使前方壓力變小;如果把平板後方的亂流區用一個圓錐狀的物體填滿,那麼後方的氣流就會相對較晚地分離,使得後方壓力變大,這樣就能夠減小壓差阻力,這就是流線型減阻的原理。

　　高爾夫球的阻力主要是形狀所致的壓差引起的,摩擦處於次要地位,凹坑可以延長後方氣流的分離時間,減小壓差阻力。而飛機本身接近流線型,摩擦阻力占主導,所以凹坑增加反而不利於飛行,何況還要考慮材料強度、成本、外形美觀等各種因素。其實,飛機和某些車為了增加氣流在物體後方分離的時間,還裝配了渦流產生器,可以大幅減小阻力。

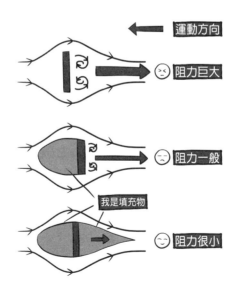

31 雲的主要成分是水滴和冰晶，水和冰都比空氣重，為什麼不掉下來呢？

物理君童年時也疑惑過，天上那麼大塊的棉花糖怎麼不掉下來呢？

其實雲是會掉下來的，只是掉下來的速度很慢很慢，這歸根結底是因為空氣有阻力。雲中的水滴半徑 r 很小，只有幾微米到幾十微米，其重量很輕，空氣阻力不可忽略，且隨水滴下落速度增加而增大，因此這些水滴在空中達到受力平衡時的速率，即收尾速率 v 很小。這還只是空氣靜止時的情形，實際上雲層附近還會有風和上升氣流，雲隨風而飄，有一些在這個過程中消散了，畢竟小水滴也會蒸發。更直觀地說，懸浮的小水滴，在天上叫雲，在地上叫霧，你看看霧滴的運動，是不是很慢？而即使是大雨滴，也砸不死人，可見空氣阻力的作用還是很明顯的。

具體來講，水滴受到的與半徑和速率成正比的黏滯阻力值為 $6\pi\eta rv$，方向向上，其中 η 為空氣的黏滯係數；水滴還受到重力和浮力，合力大小為 $(\rho-\rho_0)\,g\,\dfrac{4\pi}{3}r^3$，方向向下。

三力平衡可得收尾速率 $v=\dfrac{2g\,(\rho-\rho_0)}{9\eta}r^2$，可見該速率與 r^2 成正比，當 r 很小時，速率也很小。雲中典型的水滴直徑為

$10\sim50\mu m$，相應的下落速率為 3.0mm/s～7.5cm/s，這要落下來得好久好久。而一旦小水滴凝聚在一起，即可很快下落，如直徑 5mm，則速度約 7m/s。不過這是用另一套公式計算的，因為此時空氣阻力以壓差阻力為主，與 r^2v^2 成正比，前述公式已不適用。

有趣的是，利用超微液滴收尾速度很慢且與外力成正比這一規律，人們可以精確地測定微小的力。還記得大名鼎鼎的美國物理學家密立根（Robert Andrews Millikan）的油滴實驗（Oil-drop experiment）嗎？在物理上具有重要意義的元電荷 e 的大小就這麼測出來了！1923 年的諾貝爾物理學獎就是這麼誕生的。

32 外星人的眼睛有沒有可能接收紅外線或者紫外線？他們會不會比地球人的視野更寬闊？

可能啊，相當可能！其實我們不需要提外星人——難道提問者忘了江湖上名震天下、紅極一時的瀨尿蝦？我們要說的不是吃貨嘴裡那種土裡土氣的瀨尿蝦，而是它的親戚，色彩豔麗的齒蝦蛄科孔雀螳螂蝦。這傢伙至少有十六種視覺感受器，其中六種可分辨普通顏色，六種可分辨紫外線，還有四種可以分辨圓偏振光！是不是很逆天？

其實，視覺方面的能力與生物擁有的視覺感受器種類直

接相關，且往往與其生活環境及生存需求密切相關。人類擁有負責感應光強的視桿細胞和負責捕捉顏色的三種視錐細胞；汪星人和喵星人更關心黑夜裡捕捉獵物的能力而對顏色需求不大，故視桿細胞更發達而視錐細胞種類比人少；蜜蜂和蝴蝶天天在太陽下面拈花惹草，可以在紫外線圖景下分辨各種花瓣；響尾蛇需要精確感應溫度變化、判斷獵物位置，紅外視覺對其非常重要。

　　至於瀨尿蝦嘛，這麼逆天的能力居然用來談戀愛！色彩豔麗的外殼只有它能欣賞，圓偏振光的交流暗號也只有它能看懂……同在一個地球，尚且如此不同、各懷絕技，那遠在宇宙深處的外星人，你猜會怎樣呢？

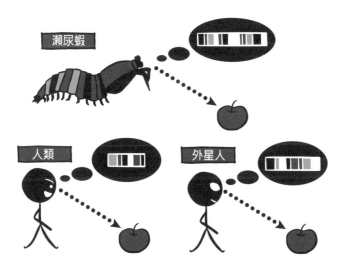

33 如果在光速飛船上發射一束光，那麼這束光難道不會比飛船更快嗎？這樣光速不就能超越了嗎？

在狹義相對論的世界裡，不同的參考系中，不僅單個物體的絕對速度不同，兩個物體的相對速度也是不同的。第一個問題中的情況可以用狹義相對論的基本原理來解釋——光的真空速度在任何慣性參考系裡都是 c（常量）。如果你在飛船裡，則認為光以光速 c 遠離你；如果你在「地面」（飛船相對你的速度是光速 c），則認為光的速度也是 c，而飛船和光的相對速度為 0。

感興趣的朋友可以試試做些簡單計算。狹義相對論基於相對性原理和光速不變原理，可得到在不同慣性系中速度的變換公式 $u = \dfrac{u' + v}{1 + \dfrac{u'v}{c^2}}$。我們可以看到公式中物理量的對應關係：$v$ 代表 K'（參考系）相對 K（參考系）的速度，u' 代表研究物件在 K' 中的運動速度。知道這些，就可以求出研究物件在 K 中的運動速度。以問題中的情景為例，若參考系 K 和飛船 K' 相對速度為 $v = c$，K' 中發出光的速度為 $u' = c$，代入公式計算，就可以得到在 K 中的速度 $u = c$，在這裡我們可以看到理論的自洽。

而第二個問題同樣可以透過計算解答。若光速飛船參考

系 $v=c$，而人相對飛船的速度為 $u'\neq c$，代入後同樣得到 $u=c$。

也就是說，不論你在飛船裡以多大的速度向「前」運動，別人在 K 參考系裡總會認為你和飛船速度相同。怎麼樣，很不可思議吧？

34 對著手哈氣會感到暖，吹氣會感到冷。那麼是否存在一個會讓人感覺不冷不熱的吹氣速度？

這個問題的答案是肯定的：理論上可以定義一個吹氣速度，我們暫且把它定義為「均衡吹氣速度」。

均衡吹氣速度可能是非常難以定義的物理量。吹出的氣體在運動過程中，氣流的變化非常複雜，環境風速、溫度、壓力以及吹氣口型等，都會影響到氣流到達手掌時的溫度。因此，把這些考慮在內，我們需要在一個穩定的環境中定義該數值。例如，保證環境為標準狀態（273.15K[3]，1atm），保持環境風速低於 0.1m/s，保證手到口的距離為定值。

綜合以上考慮，外界的問題大多數都解決了。這種條件下，我們吹出具有某個速度的氣體，它到達手掌的時候就能達到一個合適的溫度，而且保持很小的誤差。注意，這個溫度是物理的溫度，不是感受的溫度。

3　編註：克耳文(Kelvin)，溫度計量單位，符號為 K。

　　接下來，我們考慮感受的問題：由於個體差異，不同人對相同溫度的感受可能不同，因此，為了簡化，我們需要一個「標準人」來測定感受溫度（當然，如果不考慮普適，也可以為每個人測定一個均衡吹氣速度）。而且，不同的部位對溫度的感受也會不同，因此我們還需要選定一個標準部位。另外，由於人對「不冷不熱」的氣流可能不太敏感，因此這個均衡吹氣速度會是一個範圍，而且範圍大小因人而異。

　　所以，就定義均衡吹氣速度需要「標準人」這個事來說，定義這個量還是不現實的，因為「標準人」是很難定義的。其實，人對溫度的感受和環境密切相關，人的皮膚感受到的是熱流密度而不是溫度。熱流密度和溫差、傳熱係數密

切相關。另外，風速對人體感受到的冷熱影響可以很大。人在溫度稍低且高風速的環境中比在溫度更低且低風速的環境中更容易凍傷。

35 以導體傳遞電子信號，人們能做出電子電腦，那傳統意義上的「機關」和現代意義上的機械結構能不能稱為「力學電腦」呢？

　　提問者的這個思考角度很有意思。確實，有一類能夠實現一定的邏輯操作的機械可以看作廣義的電腦。被尊為電腦科學之父的數學家圖靈（Alan Mathison Turing），就曾將現實中的計算過程抽象為數學上虛擬的機器模型，即大名鼎鼎的「圖靈機」。圖靈機包含四個關鍵組成部分：一條可依次記錄有限種符號的無限長紙帶，一個可來回移動並讀寫符號的探頭，一套基於當前狀態和符號確定讀寫頭下一步動作的規則，一個記錄機器當前狀態的暫存器。

　　儘管公認的現代意義上的電腦直到 1946 年才誕生，但是早在 1804 年法國人約瑟夫・瑪麗・雅卡爾（Joseph Marie Jacquard）發明的用於織造花紋布料的新式提花機中就已經用到了程式設計控制的思想和方法——根據要編制的圖案在紙帶上打孔，以孔的有無來控制經線與緯線的上下關係。1836 年，英國數學家查理斯・巴比奇（Charles Babbage）製

造了木齒鐵輪電腦，並利用雅卡爾打孔紙帶原理進行程式設計。IBM 公司靠賣打孔卡製表系統起家，並於 1935 年開發出打孔卡片式電腦。

當然，「機械式電腦」不只是以上這些古板枯燥的樣子，其優雅與藝術性也足以讓我們歎為觀止。英國人送給清朝朝廷、現收藏於故宮博物院的青銅鍍金寫字人鐘，利用具有凹凸槽的偏心銅轉盤，透過巧妙的配置實現類似程式設計的功能，可以用毛筆工整地書寫「八方向化，九土來王」八個漢字，非常有趣，快去搜個影片看看吧！

36　如果給地球鑽一個經過地心的對穿孔，然後丟一個重物下去，這個重物最終會懸停在地心處嗎？

我們知道，球殼內部任何一點來自球殼的總的萬有引力為 0（證明過程可以參考靜電場的高斯定理），這樣的話，一個實心球內部任意一點受到的萬有引力可以分解為一個球殼和一個小的實心球提供的萬有引力的合力（以該點到球心的線段為半徑畫一個球面，將實心球分為一個球殼和一個小實心球），顯然球殼並不貢獻萬有引力，只有剩下的小實心球貢獻，方向指向圓心（其實讀者可以試著將該點所受的萬有引力的大小解析式寫出來）。

現在，如果我們不考慮阻力的話（無能量耗散），將重

物自由落到孔中，重物一旦開始受到指向球心的力，必將一直加速運動，直到到達球心，重物此時受到的合力為 0，但依舊有速度，因此會繼續沿著小孔運動，只是越過球心後受力依舊指向圓心，因此會做減速運動，根據機械能守恆我們知道，重物肯定能到達小孔的另一端出口，並且到達時速度為 0。此時重物由於還是受到指向球心的萬有引力，所以還是會往回運動，所以重物就會一直這樣沿著隧道做往復的週期運動。但如果考慮阻力的話，重物的機械能沿途耗散，因此它最終會停在球心處（位能最低的點）。

37　為什麼沒有透明的金屬？

　　關於透明不透明的問題，物理君可以講上一年都不重複的。時間有限篇幅有限，咱們這裡就簡單說明一兩點吧。

　　適應一下物理學的節奏，我們首先來明確一下概念：透明和金屬。金屬好理解，這裡按維基百科上的說法來，金屬是一種具有光澤（對可見光強烈反射），富有延展性，容易導電，容易傳熱的物質。這或許不太嚴謹，那就來個稍微專業一點的，元素週期表上所有帶金字旁的元素（外加汞）構成的物質是金屬。金屬有個性質就是有大量「全域共用」的「自由電子」。

　　什麼是「透明」呢？這個詞比較「意會」，我們把它明確一下，就是透光。這裡針對的是可見光。畢竟對於 X 光之類，不透的物質還是比較少的。

　　為什麼有的物質「透」，有的物質「不透」呢？宏觀上幾乎所有電磁波問題都可以用馬克士威的電磁波理論來解釋。簡單理解就是馬克士威方程組加上邊界條件可以解出電磁波在介質中的傳播方程。而與介質相關的量是電容率（介電常數）和磁導率。為什麼有的介質透光呢？就是該材料的電容率和磁導率恰好能使馬克士威方程有可見光波段的解，而不透光的介質沒有可見光波段的解。

　　如果物理君只說這麼多，然後告訴你就這麼巧，金屬恰恰滿足這個光不能透過的條件，你是不是會很不服？！

　　那就再滿足一下你的好奇心，稍微說一下電磁波在金屬中傳播的微觀機制。這裡涉及的專業知識就比較多了，要想徹底弄明白這個問題的同學最好報考物理系。我們就說幾個專業名詞來滿足一下「高級」的追求好了。我們知道，金屬中有很多「自由電子」是「全域共用」的。而可見光在金屬中不能傳播，這主要是由這些個自由電子對電磁的回應特性造成的，這裡涉及複雜的電磁相互作用，就不詳細說了，其結論就是自由電子的電磁響應決定了金屬對低於某一個頻率的光子（可見光就在這個範圍內）具有較強的反射率，這也是多數金屬帶有光澤的原因。

38 為什麼高處比低處冷，越高不是應該離太陽越近嗎？

　　事實上，地球表面大氣的溫度並不完全隨著高度的升高而降低，而是在不同的高度有不同的表現。以對流層和平流層為例，對流層內大氣溫度隨高度的增加而降低，海拔每升高 100m，溫度約降低 0.6℃，而在平流層底部溫度基本恆定，海拔超過 20km 的部分溫度隨高度的增加而升高。原因在於，不同的區域大氣獲取熱量的途徑不同，陽光的輻射是所有大氣共同的熱量來源，這也給提問者海拔越高陽光越強（並不是因為離太陽近，而是大氣對陽光的吸收比較弱）從而溫度越高的印象。不過對於大氣層底部的空氣來說，地面也會對其直接加熱。

　　從近些年的報導來看，地表溫度突破 70℃ 的城市並不少見，地表對空氣的加熱效應很明顯，而海拔越高地表的加熱效果越不明顯，於是低海拔處溫度高，高海拔處溫度低。對於平流層的大氣來說，地面的影響可以忽略，陽光輻射成為熱量的唯一來源。隨著海拔的升高，空氣的臭氧含量升高，大氣對紫外線的吸收增加，溫度逐漸上升。

39　為什麼鏡像是左右顛倒，而不是上下顛倒的？

　　為了弄清這個問題，我們做一個簡單的假設。假設在無重力的環境下，一面圓形的鏡子前面站著一個「點」觀察者，這個觀察者會發現一個非常神奇的情況：它是不能區分上下左右的，既然如此，它也就無法區分鏡子裡的圖像是左右相反還是上下相反。它唯一可以區分的方向，就是垂直於鏡面的方向。假如鏡子無限大，它甚至都不知道它是否有平行於鏡面的運動！

　　我們人大約也是這樣。當我們說鏡像左右相反的時候，我們想像另一個自己繞鏡面豎直中心線旋轉 180°，來到鏡子後，我們將鏡像與自己比較得出左右相反的結論。實際上，我們也可以將旋轉軸放在水平中心線上，那樣我們就能得出上下相反的結論了。所以，有沒有什麼簡單的方法可以讓鏡像看起來上下顛倒呢？

　　可以試試對著鏡子平躺嘛！

40　光照會對物體產生壓力嗎？如果會，為什麼光不會砸死人？

　　從現代物理的角度來看，力並不是一個非常本質的概

念，力的實質是動量在單位時間內的改變量，或者說是一種有動量轉移的相互作用的表現形式。這一點在古典力學中就有一定的體現：力 $F = \mathrm{d}P/\mathrm{d}t$。因此要判斷一個過程是否有力的「存在」，關鍵是要看這個過程是否存在動量的轉移，或者說參與相互作用的雙方是否有動量的改變。

說了這麼大一堆，現在回到光照是否會對物體產生壓力這個問題上來。從量子力學的角度來看，光實際上是電磁相互作用的傳播者，名曰光子，攜帶一定的動量和能量。其（真空中）動量的大小正比於其能量，比例係數 c 為真空中光速。當光照射到物體上時，光會被吸收或者被反射，這兩個過程都會使光子動量改變，因此被光照射的物體會受到力的作用。有人可能會問，我天天曬太陽，為什麼沒有感覺到光的壓力？這是由於日常生活中的光產生的壓力實在是太小了，在能把你熱成狗的烈日下，你受到的光壓力也僅僅是大氣壓力的千億分之幾（整個地球受到的太陽光光壓大約有幾萬噸）。

　　日常生活中的光壓小主要是因為光功率密度太小了。這裡再舉個大光壓的例子：在人造光源中恐怕只有大功率雷射能夠產生較大的光壓，不要說人，大功率雷射可以在一瞬間讓鋼鐵昇華。但是這與恆星內部的光壓相比簡直不值一提，比如太陽核心附近的光壓大約是一億億倍大氣壓。

41 有一座獨木橋極限承重 100kg，小明體重 80kg，拿著兩個 15kg 的背包，有沒有可能透過輪流拋接的方式過橋？

　　我們分析一下丟背包的過程，從你接住它起便要給它施加一個向上的力以使它先減速下降直至速度降為 0，接著再

加速上升。根據牛頓第三定律，此時背包也會施加給你一個向下的力，這個力需要橋給你額外的支持力去平衡，也就是說你會對橋有一個額外的壓力。假設你施加給背包的是一個恆力 F，從你接到它到它再次被拋起離開你手的這段時間為 t，背包質量為 m，則有：（$F-mg$）$t=2mv$。

在這一過程發生時，另一個背包必須一直在空中，由於拋兩個背包是相同的過程，所以時間 t 必須小於以初速度 v 豎直向上運動的背包再次回到你手中的時間 $2v/g$，也就是：

$t<$（$F-mg$）t/mg

$F>2mg$

也就是說，拋接並不能起到減小壓力的作用。想透過輪流拋接的方法過橋可以這樣做：先依次把兩個背包拋過橋然後再過橋。

這問題給了我們一個啟示──好好減肥，別想沒用的。

42 在赤道上建個太空電梯，一個人帶著衛星坐電梯升到地球同步衛星軌道的高度，打開電梯門，輕輕地將衛星推出去，人會看到衛星靜止地懸浮於門外成為一顆同步衛星，還是會看到衛星掉下去？

衛星不會掉下來是因為它做圓周運動時所需向心力正好和它所受的重力大小相等方向相同，也可以說此時萬有引力

正好充當了向心力,即:

$$G\,\frac{Mm}{r^2}=m\omega^2 r$$

地球同步衛星運動的週期與地球自轉週期相同,那麼由等式可知其必然與地球相距一個確定的距離。衛星的推進器做功不僅需要克服重力,還需要提供在軌道上運動的動能。我們假設真的可以造一個電梯把你送到太空。在這一過程中克服重力的功由上升的電梯提供。電梯升降通道是固定在赤道上的,所以整套電梯機械都在做和地球自轉週期相同的圓周運動。因此當你抱著衛星上去時,ω 和 r 的平衡條件達到了,它自然不會掉下去,所以你看它是靜止的。事實上此時你也和它一樣在做圓周運動,萬有引力充當了向心力,所以你處於失重狀態。

43 在火車靜止的時候,在火車車廂半空中升起無人機,讓無人機懸浮靜止,然後火車發動,無人機會碰到車廂上嗎?如果有相反的情況,在高速行駛的火車中,無人機懸浮在車廂中間,無人機會和火車速度同步嗎?

我們先來分析一下人坐在車裡的情況:在火車啟動時,座椅會對人施加一個推力,這個推力會把人往前加速,這樣

可以使人和火車一直保持一個同步的狀態。對於懸浮在車廂
中的無人機來說，火車在啟動時相對於地面一直在加速，但
是和人坐車不同的是，沒有什麼物體在推著無人機向前加速
（空氣的作用非常有限，可以忽略不計），所以火車相對於
地面越來越快而無人機則一直懸浮在原處（相對於地面來
說），結果就是無人機最終會撞到車廂上。

如果在火車等速直線運動的過程中升起無人機，因為無
人機原本就和火車具有相同的速度（無人機停在車廂裡），
所以升起過程中即便沒有其他物體的推動，無人機仍然可以
和火車保持相對靜止（水平方向），這種情況下無人機就不
會撞到車廂。但是如果火車在無人機升起後開始加速，這種
情況下，無人機仍然會撞向車廂。

44 一定要有水才會有生命嗎？難道不能有以其他資源 為基礎的生命？生命一定要出現在宜居帶上嗎？

這個問題很大，以目前的知識來看，我們沒有答案。一
方面我們還沒有發現任何不含水的生命，但另一方面，也沒
有任何證據表明生命一定非要含水不可。

不過至少我能講講人類在尋找外星生命時總是先找水的
理由。因為水作為地球生命的載體，是有著很多得天獨厚的
優點的。

第一，要維持生命，溶劑是至關重要的。有了溶劑，生物才可能發生新陳代謝，才可能吸收營養和排除廢料。而比起其他溶劑，水是一種相當容易形成的分子，它的化學結構簡單，只由氫和氧組成，分別是宇宙含量第一和第三的元素。

第二，水的溶沸點分別為 0℃ 和 100℃，這個溫度區間恰好是大多數有機分子可以參與反應而又不至於結構被破壞的溫度區間，是有機分子發生反應的理想環境。

第三，水有著反常的高比熱，要蒸發 1kg 的水需要消耗接近 600Kcal（千卡）的熱量！這使得以水作為載體的生命對外界溫度的變化有著更強的抵抗能力。

第四，水有著很大的表面張力（室溫下只輸給水銀），這可以極大地幫助有機分子聚集，幫助生命演化。

第五，……

暫時想到這麼多。

45 為什麼光可以用東西擋住，聲音卻不可以？

其實聲音也是可以用東西擋住的，光也可以不被東西擋住。你問題中的光指的是我們能夠看見的可見光，你問題中的聲音也只是可以聽到的聲音。

在物理上，光和聲音都是一種波動現象。只不過一個叫電磁波，一個叫機械波而已。而決定一個波會不會被一個東西擋住的因素很簡單：波長的尺度與物體的尺度。如果波長遠小於物體的尺度，那麼這樣的波就會被物體擋住。反之則不會。

人能夠聽到的聲音的波長在 17mm 到 17m 這樣一個尺度範圍內。日常生活中的絕大多數東西也恰好都在這個尺度範圍內。結果就是聲波很容易繞過這些物體被我們聽到。這種現象就叫繞射。

另一方面，可見光波長的數量級只有幾百個奈米，這個尺度遠遠小於日常生活中物體的尺度。所以光看上去幾乎就是直線傳播的。

問題的關鍵不是光或者聲音，而是波長。聲波波長很短時就不能繞開物體了，超聲波就是準直線傳播的聲波。同樣，波長長的光波／電磁波也可以繞開物體。這就是你在家到處都能收到 Wi-Fi 信號的原因。（Wi-Fi 信號是電磁波，2.4GHz 協定，它的波長差不多就跟你的臉一樣寬。）

46 根據熱力學第二定律，世界將越來越混亂。那為什麼會產生能體現秩序的細胞、生物和人類？

「世界」一詞有兩種理解方式，一種立足於全宇宙，一種立足於地球，即我們生活的世界。

熱力學第二定律表明，孤立系統的熵值是不斷增加的。站在第一種角度看，這個問題即是著名的「熱寂」（heat death）理論。站在第二種角度看，這個問題就變得複雜了，因為地球不是一個孤立系統，它每時每刻在與外界進行物質能量交換。對於非孤立系統，熱力學第二定律不能簡單適用，因此我們不能直接得出「世界將逐步更加混亂」的結論。

事實是，生命的出現對於我們生活的狹義的世界來說確實是更有「秩序」的，然而對於廣義的世界即整個宇宙來說，它仍然會使「世界更加混亂」。生物體為了維持生命，即維持一種遠離熱力學平衡態的「秩序」，必須不斷向體內注入「高秩序」的低熵食物，並排出「低秩序」的高熵產物，才能平衡體內不斷發生的不可逆的熵增過程，表現出「活力」。也就是說，生命創造出來的局部「秩序」是以不斷犧牲生命系統之外的「秩序」為代價的。

對於宏觀的生態系統來說，最初的「食物」主要來自太陽的電磁輻射（以可見光為主），綠色植物透過光合作用可

以對它們加以利用。而最終的「產物」包括兩部分，一大部分是所有生物因呼吸作用而產生的熱輻射（以紅外線為主），比如人體的 37℃ 體溫輻射；另一小部分則是遠古動植物屍體轉化成的各種化石燃料。整體上看，這是一個熵增的過程，因為根據黑體輻射理論，等量紅外熱輻射的熵遠大於等量可見光熱輻射的熵（雖然它們不是嚴格的黑體輻射，但定性的結論不會改變），而化石燃料的熵則介於這兩者之間，因此生命的出現並沒有違背熱力學第二定律。

.

— Part3 —

學習篇

01　基本的物理常識有哪些？

簡單的物理常識有很多（牛頓定律啊，熱力學定律啊，等等），但物理君覺得最重要的是這三條：

（1）物理是一個以實驗為基準的實證學科，不是一門光靠空想和思辨的「哲學」。

（2）物理不是真理。

（3）但物理更接近真理。

02　在學習物理的過程中最應該重視的是什麼？

腳踏實地。不要天天想著宇宙啊，量子力學啊，相對論啊，這些看起來很「酷」的知識，而不屑於思考牛頓力學和生活中常見的現象。首先，相對論沒有那麼難；其次，牛頓力學沒有那麼簡單。

03　物理公式太多了，都要記住嗎？

哈哈哈哈！同學，就算把公式全部背下來，你也不一定

學會了物理。一般來說，比較好的辦法是：（1）找出最基本的幾個公式；（2）推導出其他所有的公式——這個辦法不但不用記，還能檢驗你是不是真的把物理學懂了。

04 不用數學公式，只靠語言描述，能使一個智力正常但不懂數學的人理解物理嗎？

一般我們認為，真正的物理大師可以不用數學公式，只靠語言描述清楚物理圖像。但物理是離不開數學的。我們認為不用數學公式講清楚物理的第一步，就是用數學公式講清楚物理。

同時，我們認為不用數學公式講清楚物理的必要非充分條件是講者與聽者都會用數學公式講清楚物理。

05 現在物理學研究領域最具活力和發展前景的內容有哪些？

這個問題就好像問一大群淘金者：真正的大金礦在哪裡？看起來似乎每一個人都知道，其實每一個人都不知道。

不過我們仍然可以給你一個建議：跟著自己的興趣走。Follow your heart!

06

基礎物理在最近百年幾乎沒有根本性的突破和飛躍，現在的條件好得多了，但是科學家仍舊在驗證以往的成果（比如重力波）。物理學就是在等待天才嗎？

基礎物理近百年的突破挺多的，包括量子場論、QED、非阿貝爾規範場論、QCD、標準模型、弦論、超對稱、超弦理論、宇宙暴漲理論、朗道相變理論、朗道費米液體理論、超導 BCS 理論、超流、拓撲絕緣體、量子霍爾效應……不過這些都超過絕大部分的人的理解能力範圍了（物理君露出了微笑）。

07 上大學學習物理能幹什麼？以後有什麼用？

這是一個非常有價值的問題！大學物理系的第一批專業課叫普通物理，包括力學、熱學、電磁學、光學、原子物理學五門課。在這個階段，你會學到大量的物理現象，以及根據這些現象總結歸納出來的大量公式。這個階段的物理是以現象為主的，或者是「唯象的」。這種從實驗現象不斷抽象出物理公式的訓練過程，是最能培養物理圖像的。

接下來，你會上升到一個更高的等級，開始學習四大力學，包括理論力學、電動力學、量子力學和熱力學統計力學四門課。與基於現象歸納的唯象理論不同，你在這一階段學習的物理是基於數學演繹的形式理論。也就是說，這時候的理論是從幾個基本假設或者基本公式出發（比如馬克士威方程組），用數學推導得到以前學習過的所有的實驗現象。以前的理論是基於實驗的，現在實驗是基於理論的。

從歸納到演繹的昇華過程中，理論變得更加嚴格的同時，也獲得了預言實驗的能力。到這個階段，你一定會發現以前學過的數學（微積分線性代數機率統計）根本不夠用了，所以你會學習一門數學物理方法。（一些數理要求高的學校會把這門課分成複變函數論和微分方程兩門課。）

四大力學學完再往上走，你會發現數學又不夠用了。不

過這時候路就不止一條了，根據你選的方向，粒子物理啊，凝聚體物理啊，天體物理宇宙學啊，遇到了問題再學需要的數學就是了，比如李群、微分幾何、代數拓撲，等等。

最後一個問題：學物理能幹什麼？大學物理系的教育初衷是為研究系統輸送後備人才。但學物理能做的事比研究多多了。物理專業在大學各個專業中學習難度非常高，物理系四年近乎苛刻的數理訓練才是你得到的最寶貴的東西。這能讓你在絕大多數工作中迅速上手，並且遊刃有餘。

08 電動力學講了什麼？

電動力學是電磁學的高級課程。如果電磁學只是一堆實驗的堆砌，那麼電動力學就是數學成分更多的形式理論。它會從幾個簡單的方程出發，用數學推導出電磁學中的所有實驗現象，順便把相對論協變形式也講了。

一個很好玩的問題是，為什麼電磁學的高級課程叫電動力學而不是高等電磁學？因為電動力學會教你，電動起來就是磁了！哈哈！

09 作為物理學家，你如何看待化學和物理的關係？我是學化學的，我發現身邊不少學物理的人覺得化學是物理的一個分支，他們認為學物理的人必然瞭解化學，但是學化學的人卻無法理解物理。我覺得化學和物理息息相關，但是對於問題的著手點和研究方向大為不同，在現實中的應用也大為不同，物理和化學不是父子，而是兄弟。你怎麼看？

　　哇，一個物理學家要回答物理和化學誰更重要。要我說當然是物理了。（隔壁的數學家們是不是要表示一下情緒穩定？）

　　看到你的問題，我默默地翻開了自己這些年看過和想看的化學書。回想兄弟當年在英國的時候，聽說學校的有機化學課很有名，特意去旁聽有機化學導論，結果很痛苦……就我個人的失敗經歷來說，「學物理的必定會化學，學化學的無法理解物理」是不成立的。

　　從學術傳承上講，我的祖師爺是個有名的物理化學家，他的物理功底許多知名的物理學家也未必比得上。

　　科學追求世界的本原問題，這種追求來源於人的好奇心和探索精神。幸運的是，我們發現自然規律都建立在質能守恆、動量守恆、熵增原理、電荷守恆、電磁理論、力場理論、薛丁格方程、海森堡測不準原理、包立不相容原理、對

稱定律等基礎原則上。這些原則構成了我們認識世界運行的基礎。在這些基礎上,物理學家更關注物質內在的性質和物質為什麼有這些性質。而化學家更關注物質的轉化和如何轉化。熱力學和量子力學是現代化學必教內容,但就像「條條大路通羅馬」並不能解釋「人們為什麼總走這條路」或者「人們為什麼不走向米蘭」一樣,物理不能代替化學,反之亦然。作為一個熱愛科學的化學家,這位讀者沒必要糾結誰是誰的父親這樣的問題(說起來化學的歷史可是悠久得多)。這並不能幫助你收穫更多。暢遊在科學的海洋裡,偶爾獲得前人沒有發現的知識,利用新知推動社會的發展,這難道還不夠讓人高興嗎?

10 完備的物理理論系統在數學上是嚴格的嗎?

物理君不知道如何回答,因為不知道「完備」是什麼意思。也許「物理理論系統在數學上是嚴格的嗎」是個恰當的話題。

從物理學的本質來說,它包含太多數學不擁有的因素,比如觀察、測量、原理假設、模型構造甚至幻想,因此它天然地很難具有數學意義上的嚴格性。好的物理理論當然追求數學上的嚴格性,但能做到什麼程度則各有不同。

　　具有較高數學嚴格性的物理理論樣本包括基於馬克士威方程組的電磁學和熱力學。從馬克士威方程組到電磁波方程再到規範場論，數學上是相當嚴格的；而熱力學，從卡諾[1]的純粹定性思維發展到卡拉西奧多里[2]的公理化描述，算是具有了相當嚴格的數學形式。熵的引入具有數學嚴格性，熱力學第二定律的卡拉西奧多里表述也是很數學化的：對於具有任意多的力學量的熱力學系統，Pfaffian form $TdS + Y_i dX_i$ 一定是全微分。

　　大部分物理理論只是部分具有某些數學嚴格性。典型的例子就是廣義相對論。愛因斯坦得到重力場方程的過程就談不上數學嚴格性，從弱場近似寫出張量形式的場方程以及宇宙常數的增刪相當率性隨意，我們稱之為構造而非推導。從重力場方程出發得到 Schwarzschild 解和 Kerr 解是具有數學嚴格性的。而愛因斯坦自己從重力場方程得到所謂的重力波方程，以及後來人們以 Schwarzschild 解引出的黑洞概念為基礎，計算黑洞融合激發的重力波在光電倍增管上會產生怎樣的振盪信號，這就實在談不上什麼數學嚴格性了。

1　編註：尼古拉・卡諾（Nicolas Léonard Sadi Carnot），法國物理學家，熱力學之父。
2　編註：康士坦丁・卡拉西奧多里（Constantin Carathéodory），希臘數學家。

11 學習相對論要有什麼知識基礎？

狹義相對論不需要什麼基礎，學過國中物理就能自學了（並不指望你精通）。學習廣義相對論要先學微分幾何。

12 國外有哪些優秀的科普網站？

這裡推薦通俗性和科普性比較強的三個網站（相較科技新聞類的網站，這三個網站整體水準都很高，尤其是 Nautil）：

（1）Nautil：http://nautil.us/

（2）ScienceAlert：http://www.sciencealert.com/

（3）IFLscience：http://www.iflscience.com/

還有一些偏新聞類的網站，以前沿科學或科技進展為主要內容（其實這一類的實在太多了）：

（1）《科學人》雜誌官網：http://www.scientificamerican.com/

（2）Science X 的物理學頻道：http://phys.org/

（3）EurekAlert ：http://www.eurekalert.org/

再學術一點的就是期刊類網站了。

最後扔一個連結，大家可以去看看外國人自己推薦的最受歡迎的 Top 15 科普網站：http://www.ebizmba.com/articles/science-websites。

13 科技在不斷地迅速發展，怎樣才能讓科技大眾化，而不是專門化？

本來就不應該讓科技大眾化，強行把科技大眾化是反智的，只會帶來大量的謬誤和曲解。科技就是科技，科技就應該專業化。我們的科普也是專業化的，科普的目的不是讓科技變得大眾化，而是盡量讓大眾一起專業化一些。

14 物理學家們平時都在幹什麼呢？泡實驗室？瘋狂計算？還是 45° 仰望天空呢？

寫文章　　　　　上課　　　　　討論

做實驗，寫代碼，推公式，買儀器，搭建儀器，申報儀

器，報帳，上課，討論，輔導學生，參加組織會議，參加學術會議，組織學術會議，訪問交流，申請研究基金，搜尋文章，看文章，寫文章，投文章，審文章……

15 在應試環境中，想當科學家的孩子該如何更好更早地培養自己的科學素質，而不變成「民科」[3]，也不影響學業？

還是那句話，腳踏實地。一步一步地來，先自己學完大綱內的中學理科課程，大綱內的中學理科課程做到沒有挑戰性的時候可以看競賽課程和通識類的大學課本（比如高等數學、大學物理），網上的大學低年級公開課影片是可以借鑒的。一些優秀的科普書是很有幫助的，課餘時間值得一看。至於哪些科普書是優秀的，如果自己沒有甄別能力，儘量選作者頭銜是科學家的。這樣雖然會錯過不少優秀的書籍，但至少不會被帶歪。

不成為「民科」很簡單，那就是多看數學，多思考枯燥的公式，學會欣賞公式背後的邏輯和結構的美。不要空談或

3　編註：對極少接受過（或拒絕）正規科學學習及訓練，卻又經常熱衷於相關領域研究之人士的一種稱謂。用作貶義時，又稱科學妄人、妄人科學家、科妄，具有偏執傾向，在缺乏科研素養的同時，運用大規模宣傳、向科研工作者寄送電子郵件、求見權威科研工作者等方法，強行推行自己的理論。

者憑自己的想像隨意使用「高大上」的概念，不要成為名詞
黨。

16 量子力學該怎麼學？

　　方法不唯一。我們一般推薦從矩陣力學入手，先理解量
子力學的整體理論框架，然後再去解連續的薛丁格方程。把
量子力學學成偏微分方程練習就錯了，把量子力學學成線性
代數練習就對了。學第一遍的時候遇到物理上無法理解違反
直覺的東西，應該先接受，以能算出東西為主。學完一遍之
後再去思考它那些違反直覺的物理意義。

17 如何高端地用物理撩妹／撩漢？

　　等你真的把物理學進去，開始欣賞裡頭的一些思想時，
你就會發現：這些感受很難說出來，很難與人分享，很少能
與人共鳴。這東西就跟做夢一樣，絕大多數時候只能一個人
體會。所以，物理可能是一個會讓人稍微孤獨一點點的學
科。不過適當的孤獨不見得是壞事。
　　當然，如果你不甘心，一定要用物理來強行撩妹／撩

漢，相信我，你會變得更孤獨。

　　思考題：物理君是怎麼知道的？

18　為什麼很多物理理論都違背我們的直覺？如果物理學描述的是我們生活的世界，那應該符合我們直覺才對啊。

　　愛因斯坦說過：「常識就是人在十八歲之前累積的偏見。」

　　任何知識學到深處你都會發現，日常生活中能夠接觸到的那點東西狹隘、渺小得可憐，像井底的天空──的確，任何知識，不管是物理定律、文學、繪畫，還是音樂，它們都誕生於人類對日常生活的思考和總結。但最終，相對論不在意低速運動的生活常識了，馬奎斯不再堅持刻板的真實描寫了，畢卡索開始在扭曲和瘋狂中探索了，日常生活被超越了。如若不然便沒有意義。這些東西是把你帶出井底的工具。

　　所以，正確的方式只能是不斷地用知識來更新以前的常識，而不是相反。認為知識應該符合常識實在是一種既偷懶又自以為是的危險想法。

19 如何認識數理化的相互聯繫和地位？

　　數學、物理、化學都是自然科學的基礎學科。但從特點上說，數學是一種先驗的哲學，是一種「可證明的形而上學」。所以從某種程度上說，它並不是自然科學。數學的命題一旦證明就絕無推翻的可能。物理學是自然科學的重要基礎。物理的理論需要依託對現象的解釋，不能完全脫離「人的經驗」。正確的物理理論不存在證明了與否，只關注與現象的符合程度。而化學從某種程度上來說，是湧現現象引發的「唯象物理」。所謂湧現現象（emergent phenomenon）就是隨著基本粒子聚集層次的增加會出現很多難以理解的新現象。但是，化學絕不是應用物理學或應用多體物理學，而是在化學本身的層次上研究其自身的規律，在這個層次的研究中需要的創造力不亞於前一個。比如，電腦的發展讓我們能夠類比很多複雜的化學過程，但是電腦能做的依然有限，一些問題不是單純依靠計算能力的提升就可以解決的。如果我們能從原子、分子的尺度建立足夠有說服力的唯象理論，並結合實驗去研究該結構層次的現象，又相對不那麼費力，何樂而不為呢？

　　物理君總結了下面三點事實：

　　（1）研究物理和化學都離不開學數學。

（2）數學家的現代生活離不開古往今來所有數學家、物理學家和化學家的研究成果。

（3）優秀的數學家、物理學家和化學家一般都沒有時間去嘲弄其他兩個領域的優秀成果。

20 專門從事物理學史的研究對物理學的發展來說是否多此一舉？

兄弟，湯瑪斯‧塞謬爾‧孔恩（Thomas Samuel Kuhn）第一個表示不服。詳情請看他寫的《科學革命的結構》（*The Structure of Scientific Revolution*）

21 為什麼我考試成績不錯，卻還是覺得沒有學好物理，甚至覺得課本裡的知識很奇怪？物理系學生該怎樣加深自己對課本的理解？「讀書百遍，其義自見」對學習物理適用嗎？

能夠意識到這一點是很好的。舉個例子，在物理學裡，四大力學代表的是四種世界觀。本科階段能熟練掌握一門也不見得容易。考試成績只考慮有限課時情況下的合理要求，考試成績不錯，並不代表四大力學你真的掌握了。有困惑很正常，而且能夠發現一些「很奇怪」的地方說明你學得不

錯。有一些困惑涉及的東西相當深，沒有辦法放到本科的教學計畫中去，所以建議是不要在這裡「鑽牛角尖」，帶著問題繼續往前走，等學到更高的層次後再倒回來看，你會有新的體會。常看常新。

22 怎樣透徹地學習大學物理？

個人之見，關鍵在於兩個能力：物理圖像和數學水準。前者要靠大量計算、廣泛閱讀和很多下意識的思考。後者要靠大量的計算、做題，以及對數字的敏感和熟練。另外，物理系課程之間的聯繫千絲萬縷，不要把任何一門課當成一門孤立的課來學習。要花大量時間來融會貫通。總之前面這些就三個字：堆時間。

最後就是心態要好，上面這些都能做到的鳳毛麟角，做不到也不必氣餒。

23 我們現在已知的定理或者觀念會不會是錯的呢？很多很多年以後，無論人類文明以什麼形式存在，科學探究會有窮盡的那天嗎？

歷史上被物理學界公認的理論幾乎沒有後來被證明是錯

誤的。這是因為，要證明一個公認的理論是錯誤的，你必須同時推翻無數個支撐這個理論的實驗事實。這根本不可能辦到。很多同學經常用牛頓力學舉例，但牛頓力學其實並沒有錯，它只是不夠精確罷了。相對論和量子力學也沒有推翻牛頓力學，它們只是給牛頓力學劃定了一個適用範圍，而當具體的物理現象落入舊理論的適用範圍時，新理論必須無條件地重復舊理論的預言。所以只要物理理論仍然建立在實驗的基礎之上，那麼現在的理論在未來也不會被完全推翻。

　　至於第二個問題，物理學家們已經不止一次覺得自己窮盡自然的一切奧秘了，然後就是被自然飛快地打臉教做人……

24 光速究竟為何方神聖，為什麼又是速度上限，平方以後乘以質量還能得到能量，就連新發現的重力波也是光速傳播，這些都是巧合，還是有什麼更深刻的原因？

　　光並沒什麼特殊的啊。光子也只是一個沒有質量的平凡粒子而已。與其說光速特殊，不如說無質量粒子的速度特殊。宇宙有個極限速度，這個速度就是無質量粒子運動的速度，所有有質量的粒子的速度必須小於它。所以，這裡並沒有什麼巧合，重力波光速傳播，只不過是因為我們認為重力

子也沒有質量。

25 力有傳播速度嗎？

有的，機械力的速度就是材料中聲音的傳播速度，比如聲音在鋼中的傳播速度是 5、6km/s。如果是真空中傳播的力比如電磁力和重力，那麼其傳播速度為光速。

26 磁場與電場本質上到底有什麼聯繫？

在相對論的高度上講，磁場和電場就是同一個東西，或者說得嚴格一些，是同一個物理量（電磁場張量）的不同分量。這代表著磁場和電場在不同的參考系下是可以相互轉化的。事實正是如此，在以不同速度運動的慣性參考系中，你看到的磁場和電場可以不一樣，但它們總的電磁場張量一定一樣。而馬克士威方程組反映的其實是保證這種轉化不出現 bug（比如能量不守恆啊，動量不守恆啊）的幾何結構。

繼續深入下去，我們可以用純幾何的語言重寫電磁學，電磁場可以定義成一個被稱為纖維束的幾何結構，磁場和電場反映了這個幾何結構的曲率。

27 電磁轉換中有左手定則和右手定則，大自然為什麼要選定這樣的方向？如果有個宇宙這兩個判定方向是和我們顛倒過來，違背什麼更基礎的物理定律了嗎？

這個問題說著說著就要扯到宇稱了。

左手定則和右手定則其實最開始是人為選擇的。換句話說，如果你把所有的左手定則全部換成右手定則，同時把所有的右手定則換成左手定則，你會發現，除了看不見摸不著的磁場方向轉了個 180° 以外，任何可以直接觀察的物理現象都不會變。

舉個例子：電子在磁場中做勞倫茲運動，磁場轉了180°，看起來電子的勞倫茲力（Lorentz force）的方向也要變化 180°，於是電子的運動軌跡也要變。但其實這裡我們把判斷勞倫茲力方向的左手定則換成了右手定則，又多了個180°，所以電子的運動沒有受到任何影響。

在電磁學理論的範疇，物理學是沒有能力判斷左右的，左手和右手完全等價。習慣用的左手定則和右手定則也只是習慣而已，可以互換（但注意一定要一起換）。這就叫作宇稱守恆。

前面特地強調了電磁學範疇，因為後來楊振寧和李政道

先生[4]在理論上證明了弱相互作用宇稱不守恆，可以區分左右。這一點隨後被吳健雄女士[5]透過實驗證實。

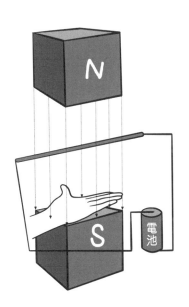

4　編註：中國物理學家。兩人於 1956 年共同提出「宇稱不守恆理論」，獲 1957 年諾貝爾物理學獎。
5　編註：美籍華裔物理學家。

28　為什麼不同的色光在同種介質中絕對折射率不同？在微觀上波長如何影響折射？

　　光是電磁波，入射到介質中會改變原子中電子的運動狀態，材料中被擾動的電荷將發射同一個頻率但相位有延遲的電磁波，出來的光將是這些電磁波的總和，頻率一樣但光速變慢了，即折射率變大了。

　　不同頻率的光對電子的影響不同，所以折射率與入射頻率有關。在介質中，光的波長實際上變短了，但回到空氣中還會恢復原來的值。頻率是電磁波的本質而非波長，但通常在空氣中這兩個詞可互換。折射率是介質的固有性質，和它的成分、結構有關，每一種介質對不同顏色的光有不同的反應，所以我們說折射率是頻率（波長）的函數，即與波長有關，但不能說微觀上波長影響了折射。另外，在有特定結構的介質中如某些晶體，折射率可能與電磁波的偏振方向有關。

　　還有，如果入射光特別強，對原子產生激烈的擾動，那麼有可能發生其他一些變化，比如產生不同顏色的光，介質發熱和結構變化使得折射率改變，甚至介質被破壞。這些屬於非線性光學現象，有興趣的朋友可以以後再學！

29 摩擦力的示意圖是畫接觸面上還是畫中心處？如果畫接觸面和二力平衡的條件又不相符，如果畫中心處和力的作用點也不符，怎麼解決？

應該畫在接觸面上。在這裡，摩擦力和拉力就是無法平衡的。在摩擦力的作用下，木塊有旋轉的傾向。（這也是車時汽車車頭總是會往下鑽的原因。）當然，它沒有真的旋轉起來是因為地面擋著它呢，具體體現在前半部的地面支持力會大於後半部的地面支持力，給出一個反向力矩抵消旋轉。

30 溫度升高，氫氧化鈣在水中的溶解度降低，而不是像大多數物質那樣增大，這是為什麼？

這個問題要分兩步解答。

我們先說說為什麼大多數物質溶於水會放熱。物質溶於水時有兩個過程，先是物質內部的化學鍵或分子間力被拉開，這一步要吸收熱量。然後是被拉開的物質離子或分子與水或水離子重新結合，這一步要放出熱量。大多數溶於水的物質，第二步與水結合時釋放的能量要大於第一步拆散該物質原有結構吸收的能量。所以最終結果是系統總的化學能變低，因此溶解過程可以自發發生。系統放熱，溫度升高。

　　但有一小部分像氫氧化鈣這樣的物質，它們與水結合釋放的能量要小於拆散原有結構吸收的能量。但它們的溶解過程居然也能自發發生，即使溫度會降低。這是為什麼呢？

　　原因是，氫氧化鈣溶液的狀態比固態的氫氧化鈣加上純水的狀態要雜亂得多。換句話說，氫氧化鈣溶液的熵高得多。因此，雖然氫氧化鈣溶於水這個過程總的化學能是升高的，但由於熵增，總的自由能還是減少的，這使得這個過程能自發發生。這是一個熵驅動的自發過程。

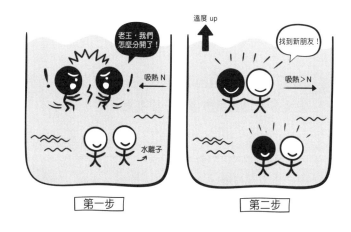

31 「場」到底是什麼？「力」到底是什麼？能否詳細說說它們的本質？

物理不是哲學。場也好，力也好，沒有所謂的「本質」的結構。它的結構是人類按照描述自然的需求自己定義的。

比如「場」，最早就是把一個空間中的每一點都映射到一個數或者一個向量、張量的連續映射，後來引入了量子化，場在空間的每個點成了一個算符。

再比如「力」，最早作為一種「導致物體運動變化」的作用引入。後來隨著理論的發展，力變得越來越不好用，於是乾脆打入冷宮不要了。

我們定義一種數學結構，如果它可以很好地描述實驗現象，那便是好的。如果不能，那就打入冷宮，換個別的定義。所以，物理不是哲學。嚴格地說，物理學家不關心什麼叫所謂的「本質」。物理學家關心的是透過這個實驗看到了什麼，這個實驗怎麼解釋，這個解釋能不能正確預測接下來的觀測結果。一切以可觀測物件為中心，不依賴於觀測討論「本質」或許只是「empty talk」（空談）。

32 為什麼同一種元素的不同離子在水溶液中顏色會不一樣？

　　離子之所以顯現色彩，是因為它們允許特定能量的電子躍遷、吸收特定頻率的光，且該頻率恰好處在可見光範圍內。

　　裸離子在溶液中容易與 H_2O 及其他分子或離子形成配合離子。以 Fe^{2+} 和 Fe^{3+} 的水合離子為例，這裡有三個蝴蝶狀軌道（d_{xy}，d_{xz}，d_{yz}），一個花生狀軌道（d_{z^2}），一個餅狀軌道（$d_{x^2-y^2}$），六個水分子以八面體形式包圍了中心的鐵離子，這樣會帶來怎樣的結果呢？

　　三個蝴蝶狀軌道所處的幾何環境相同，其電荷分佈密集區巧妙地避開了周圍的 H_2O 分子，相安無事地插在了間隙位置，從而具有較低的能量。花生狀軌道的兩頭、餅狀軌道的週邊卻與 H_2O 分子頭碰頭，相互排斥，從而具有較高的能量。最終，五個 d 軌道發生能階分裂，成為高低兩組，能量差恰好處在可見光範圍內，電子在兩組 d 軌道間躍遷產生顏色。

　　同種元素的不同離子，電荷越高則分裂能越大，產生的顏色會有所不同。Fe^{2+} 對應的分裂能較小，吸收的光子能量相對較低，處在紅光區，故顯現與其互補的淺綠色。Fe^{3+} 對應的分裂能稍大，吸收的光子能量相對較高，處在橙黃光

區，故顯現與其互補的淺紫色。

　　另外，溶液中的其他離子也可替換部分 H_2O 分子與中心離子配合，且影響分裂能的大小，引起顏色變化。比如在溶液 $pH>1$ 時，$[Fe(H_2O)_6]^{3+}$ 的兩個 H_2O 被 OH^- 替換，並發生二聚作用，顏色從淺紫色變為黃棕色、紅棕色。而在 $FeCl_3$ 溶液中，四個水分子被 Cl^- 離子替換，形成 $FeCl_4(H_2O)^{2-}$，顯現黃色。

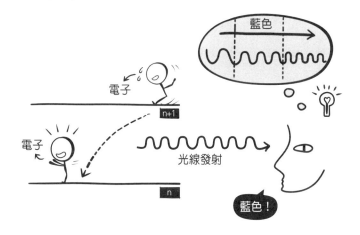

33　顯微鏡拍的原子圖片就是一個小球，真的原子就是這樣的嗎？

　　不是這樣的，你之所以看到一個個小球只是因為我們顯微鏡的分辨極限只能到這個程度了。

舉個例子，如果你給很遠的人拍照，那麼照片放大後，你會發現這個人的臉變成了一個個馬賽克方塊，這當然不是因為那個人的臉真的是方塊。

34 為什麼萬有引力定律和庫侖定律中力和距離是平方反比關係？這暗示了什麼嗎？

兩者的原理差不多，就以庫侖定律（Coulomb's Law）為例解釋一下吧。因為在三維空間中球的表面積與半徑的平方成正比，所以只有讓電場強度（你可以直觀地理解為電場線分佈的密度）隨電荷的距離成平方反比關係，才能夠保證以電荷為中心的任意大的球上的電場線「根數」都是相同的，否則就會有電荷以外的地方「放出」或者「吸收」電場線了。換句話說，平方反比關係保證了電荷是電場唯一的「源」。從另一個角度理解，是我們生活在三維空間中才使得庫侖定律中力和距離有了平方反比的關係。萬有引力定律與之類似。

當然這只是古典物理學的理解。據說在量子電動力學中，平方反比律與光子靜止質量為零相關。然而在廣義相對論中，如果時空彎曲得厲害，那麼萬有引力定律和庫侖定律的平方反比律都不一定嚴格成立了。因此，有些物理學家正在研究距離很小或者很大時萬有引力定律是否需要修正。

35 半徑為 R 的帶電金屬球，其周圍電場的能量與 R 的 4 次方成反比。那麼當 R 趨於 0 時，能量趨於無窮大，這怎麼解釋？

這個問題也是困擾了物理學家多年的問題。

當時的問題是這樣的：這個帶電小球變成了質子、電子，按照點粒子的概念，電子被視為一個點，周圍電場的能量是無窮大的。這樣的答案顯然是錯誤的，於是，物理學家想到了兩種方法：「重整化」和「弦論」。從使用上來說，重整化比弦論簡單很多，物理學家最開始使用的是重整化的方法。重整化的方法的顯著缺陷是：這是一種妥協的方法——它認為質子由夸克構成，那麼顯然質子有了大小，不存在這個問題，但是這個問題沒有被解決，而是推給了夸克。當然，現在這個問題已經留給了弦論，所以也就不存在半徑趨於 0 的帶電小球了。

該答案取自大栗博司所著《超弦論——探尋時間、空間和宇宙的本源》。

36 為什麼真空中光速大於其他介質中的光速？

我們知道，光就是電磁波，電磁波會對電荷產生作用。

介質中存在帶電的電子和原子核，光通過介質時會對這些粒子產生作用。我們又知道，帶電粒子在往復運動的過程中會發射電磁波，和原始光場相互疊加，在最終的表觀效果上顯現出變慢的光速。注意，無論是原始光場還是誘導的光場，其傳播的速度都是真空中的光速，光速變慢是一種表觀等效。

37 動摩擦係數為什麼不能大於 1？

這個可能是種誤導：國中物理課給出的動摩擦係數都小於 1，其他很多例子裡提到的動摩擦係數也都小於 1。但現實中存在動摩擦係數大於 1 的材料。

實驗測得金屬與橡皮之間的動摩擦係數介於 1 和 4 之間，鋼之間的動摩擦係數介於 1.5 和 2 之間，金屬經過一定的處理（加壓、加熱、去除表面汙物）後，動摩擦係數可能介於 5 和 6 之間。

多數學者認為，摩擦力是由兩物體接觸面間分子間的內聚力引起的。只有突起的地方才會接觸，一般情況下，微觀接觸面積小於宏觀接觸面積。同時，增大壓力會增大微觀接觸面積，由此得出的結論就是，摩擦力正比於正向力。

38 為什麼最大靜摩擦力比滑動摩擦力要大？

　　現在，人們一般認為達文西是第一個提出摩擦基本概念的人。在他的啟發下，幾位科學家進行試驗並建立了摩擦定律。摩擦定律共有四條，定律三的表述為：靜摩擦係數大於動摩擦係數。

　　幾個世紀以來，我們都在遵循這一定律。然而，摩擦過程仍舊隱藏在一團迷霧之後。就以小物塊處於斜面上為例，按正向力與動摩擦係數的乘積計算摩擦力，斜面慢慢增大傾角，在這一過程中，傾角超過某一角度時，物塊應當等加速向下滑動。實際實驗中，這個傾角並不是一個確定的值，而下滑過程也不是勻加速。原因是斜面粗糙程度不一致。目前實驗發現：在兩種固體介面非常乾淨的時候，最大靜摩擦係數嚴格等於動摩擦係數。

　　另外，動摩擦係數和其他量也有一些關係。動摩擦係數和速度是相關的，當速度增大時，動摩擦係數先輕微增大，而後減小。我們猜測這種減小可能是由介面的微小振動造成的。當正向力很大時，介面形變明顯改變物體受力情況，因而動摩擦係數會改變。

39 牛頓第一定律可以看作第二定律的特例嗎？

來看一下牛頓第一定律的表述：任何物體都要保持等速直線運動或靜止狀態，直到外力迫使它改變運動狀態為止。仔細思考的話，這條定律的意義在於提供了慣性系的概念，這也是牛頓第二定律、牛頓第三定律所建立的力學系統的基礎。因此，牛頓第一定律是不可缺少的。如果單單將牛頓第一定律理解為 $F=ma$ 的特例的話，應該說，雖然不是錯，但是不完整，對於理解整個牛頓力學系統有一定誤區。

40 為什麼光電效應中一個電子只吸收一個光子？

如果你只學過基本的光電效應原理，那麼恭喜你，你已經很接近發現新現象了。

事實是，光電效應中一個電子未必只吸收一個光子。實驗發現，就算單個光子的能量不足以達到電子逸出功，當光強足夠大時，依然會有逃逸的光電子。原因是電子吸收光子是有一定的機率的，當光強很弱（相當於光子的密度很低）時，對某個電子而言，就這麼點光子，能吸收一個就已經很不錯了，幾乎不存在吸收多個光子的可能。因此，這時觀察

到的光電子就是只吸收了一個光子的電子。這就是我們學的光電效應，這是低光強下的現象，與頻率有關，與光強無關。當光強變大（相當於光密度增大）時，單個電子吸收光子的機率也會增大，甚至吸收多個光子也成為可能，此時就算單個光子能量不夠電子逃逸，多個光子也有可能被一個電子吸收從而逃逸，讓我們觀察到光電子。雷射（雷射的光強一般很大）照射引起的多光子吸收已經有了很多實際的用途，比如已經成功用來分離同位素硫，光化學、光譜學領域也有其應用。

41 請問光電效應中光子打出來的電子可以是金屬的內層電子嗎？

可以，雖然機率比最外層電子小。不過打出內層電子的光子不是可見光，是紫外線乃至 X 光。

42 溫度的本質是什麼？人觸摸物體時如何感受到物體的溫度？

要想理解溫度的概念，應該先拋掉我們在日常生活中由對冷暖的感知而獲得的對溫度的理解。

從純粹的物理角度來說，溫度是一個統計意義上的概

念，它是一個系統中全部分子的平均動能（平均動能和溫度之間只差一個常係數）。溫度越高（平均動能越大），系統內部就越「熱鬧」。

　　既然溫度是系統的「平均動能」，那麼這個系統不管是一個分子還是個 10^{23} 分子，是微波背景（空間中彌漫的電磁波）還是黑洞，只要其成分具有動能，我們都可以定義出它的「溫度」。只不過對於成分較少的系統（比如只有幾個分子的系統），定義溫度的概念沒有太大意義。只有當我們需要在統計意義上研究系統時，溫度的概念才有必要。

　　從這個角度理解熱力學第三定律的「絕對零度不可達到」，直白地說就是，在物理現實中一個系統的平均動能不可能等於零。

　　上面這些是從微觀角度來考慮的，我們在日常應用中不可能把所有分子的動能都加起來然後平均一下來算一杯水的

溫度。那怎麼辦呢？就像量一張桌子需要一把量尺一樣，我們也需要一把測溫的「量尺」。以我們熟知的攝氏溫標為例，這把溫度尺規的定義是：在標準大氣壓下，把（比如）水銀柱放在水中，規定水的冰點（嚴格說，應該是純水的三相點）時水銀柱的高度為 0℃，沸點時的高度為 100℃，將兩者之差等分 100 份，每等份為 1℃。其他測溫「量尺」（包括華氏溫標、熱力學溫標）的定義都與之類似。建立任何一種溫度的「量尺」，都需要三個要素：測溫物質（水銀）、測溫屬性（水銀的膨脹）、固定標準點（水的冰點和沸點）。

考慮我們對溫度的感覺時，情況就變得比較複雜了，因為「冷」「暖」只是我們的感覺經驗。而我們的感覺經驗受很多因素的影響，比如皮膚表層的神經細胞、密度、溫差、持續時間、空氣濕度、風速等。我們在此不討論前幾種因素，詳細內容請查看心理學的相關知識，這裡只說後兩種。

風速會影響人體皮膚接觸的空氣量。當風速增加時，人體接觸的空氣會增加，空氣帶走或帶來的熱量也相應地增加，「風寒指數」由此而來。當風速達到 20m/s 時，空氣溫度為 4℃，但我們的感覺卻是 −0.3℃。所以，夏季的微風更涼爽（不過，你要確保空氣溫度低於你的體溫，否則會相反）。

而另一方面，人體透過排汗來降溫，汗液蒸發帶走人體

熱量。但是當空氣的濕度較高時，水分的蒸發率就會降低。這代表散熱變慢，相對處於乾燥空氣中的情況，人體內保留了更多的熱量。人們從這種現象中總結出了「酷熱指數」。

綜合風速和空氣濕度給人對溫度的感覺帶來的影響，風寒指數和酷熱指數可以合成為一個詞：體感溫度。

從上面的回答可以看出，物理中的溫度和生活體驗中的溫度差別還是很大的。所以我們似乎可以得出一個結論：學習物理要忘掉日常經驗。

43　光的反射的本質是什麼？

光在真空中是沿直線傳播的，如果光發生了反射，一定是因為光的傳播路徑上出現了介質。介質中的電荷在光（電磁波）的作用下會產生額外的場，介質產生的場會與入射的光場相互疊加形成新的場，新的場沿著反射光方向傳播的部分就是反射光。我們可以看出，反射光是介質在入射光的作用下產生附加的場。

我們用上面提到的概念對金屬的反光進行分析：金屬可以遮罩靜電場和波長較長的電磁波，原因就在於，金屬在光的作用下會產生附加場，在金屬內部，附加場和外加電磁場剛好完全抵消。我們注意到，金屬產生的附加場之於金屬表

面是鏡面對稱的（因為金屬內部沒有電荷，電荷都集中在金屬表面），這就使得附加場在金屬內部抵消外場，在外部沿著入射光關於法線對稱的方向傳播，這就是反射光。由此可以看出，我們得到的反射光是滿足反射定律的。

44 為什麼不同頻率的機械波在同一介質中傳播速度一樣，而不同頻率的光在同一介質中傳播速度就不一樣？光不是具有波的性質嗎？機械波沒有折射率嗎？

事實上，不同頻率的機械波在同一均勻介質中的速度也是不同的，只是速度差異非常之小，以至於這個差異一般可以忽略不計。介質中機械波波動方程解出的波速是嚴格一致的，那麼這種速度差異從何而來？這是由於介質中機械波的波動方程假設介質是理想的均勻介質，並且忽略了非線性效應。

在實際情況下，這樣的假設只是近似地成立。在大多數情況下，介質中的機械波波長是遠遠大於介質中原子間距的，因此可以認為介質是均勻的。當機械波的頻率足夠高時（大約為 GHz 到 THz 級，這樣的頻率機械波一般是達不到的），勻質假設就不再成立，而這時的波速也與低頻時的波速有較大的差異（一般是更小了）。線性介質的假設則是在

機械波的振幅不大的情況下才成立,在小振幅時非線性效應還不是十分明顯,所以可以忽略。而當機械波的振幅足夠大的時候,非線性效應就不可忽略了。爆炸產生的衝擊波就是這樣的一個例子,核武器在空氣中爆炸產生的衝擊波波速可以遠遠大於空氣中的聲速。

45 四氧化三鐵是如何產生磁性的?

我們需要先瞭解一下 Fe_3O_4 的晶體結構。尖晶石結構對應 AB_2O_4 型離子晶體。其中 A 為二價金屬離子,B 為三價金屬離子。O^{2-} 離子為立方最密堆積,二價陽離子 A 填充八個四面體間隙,三價陽離子 B 填充十六個八面體間隙。晶體中原子比為 8:16:32(A:B:O)。$Fe_3O_4[Fe(FeO_2)_2]$的反尖晶石結構與尖晶石結構的區別在於,Fe^{2+} 佔據了一半的八面體間隙,而 Fe^{3+} 佔據了剩下的一半八面體間隙和全部四面體間隙。

過渡金屬氧化物的磁性主要由過渡金屬離子 3d 電子($Fe:3d^6 4s^2$)提供,但是金屬離子被較大的氧離子隔開,間距較大,因此兩個相鄰的磁性離子之間電子雲幾乎沒有重疊部分,故不能產生直接的交換作用(電子間庫侖作用的量子效應),但相鄰的過渡金屬磁性離子與中間的氧離子可以

發生直接的交換作用,從而使電子非局域化,實現間接交換作用,也就是超交換作用。超交換傾向於使自旋反平行,因此 Fe^{3+}、Fe^{2+} 與氧離子形成的 $Fe-O-Fe$ 均為反鐵磁性的,而 $Fe^{2+}-O-Fe^{3+}$ 中,A、B 位上的反向磁矩並不能抵消,於是表現出了亞鐵磁性。此外,陽離子-氧離子-陽離子形成的夾角越接近 $180°$,間接交換作用越大。這個時候我們需要考慮晶體結構。反尖晶石結構一共有五種間接交換情況,其中夾角最大的是 A－B(約 $154°$)。由於篇幅有限,這裡就不展示了,有興趣的同學可以自己畫平面圖計算一下。$Fe^{2+}-O-Fe^{3+}$ 的類型為 A－B,因此四氧化三鐵表現為亞鐵磁。另外,氧和鐵形成的不同晶體結構的化合物,其磁性的判斷也需要同時考慮晶體結構和交換作用。

同時,我們常說 Fe_3O_4 可以看成 FeO 和 Fe_2O_3 的混合物(這是從組成上講的,結構是另一回事)。那大家肯定很好奇,在室溫下,後兩者又有怎樣的磁行為呢?FeO 表現為順磁性,$\alpha-Fe_2O_3$ 為六角型結構,$260K$ 以下表現為反鐵磁,$260\sim950K$ 則表現為傾斜反鐵磁╱極弱鐵磁;$\gamma-Fe_2O_3$ 為缺陷螢石型結構(也有四面體和八面體 Fe 位),表現為亞鐵磁。由此可見,磁性質不僅取決於未成對電子,同時也和結構(相互作用)息息相關。因此,有鐵元素或者鐵的物質不一定會被磁鐵吸引。

這些材料被製成奈米顆粒時又會表現出各種不同的磁行

為，那就更複雜了，大家有興趣可以瞭解一下。

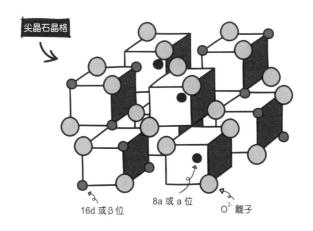

尖晶石晶格

16d 或 β 位　　8a 或 a 位　　O^{2-} 離子

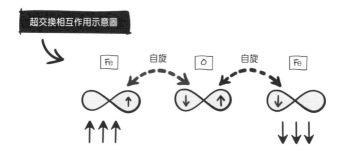

超交換相互作用示意圖

Fe　　自旋　　O　　自旋　　Fe

46 為什麼氣體向真空擴散不做功？

　　提問者指的應該是理想氣體吧？確實有這麼個結論。有些問題呀，其實換個角度就很容易看清楚啦。物體不受任何外力（包括空氣阻力、摩擦力、外部支持力等）時，總保持靜止或等速直線運動狀態，動能不變吧？兩個物體發生彈性碰撞，雖然各自速度改變，但是總動能不變吧？既然總能量都沒變，當然就不做功嘍。把這裡的物體換成理想氣體模型中的氣體分子，不就有結論了嗎？對於理想氣體而言，我們無須考慮氣體分子間的相互作用，分子間的碰撞也可視為彈性碰撞，因此，這團氣體向真空擴散時當然是不做功的。

　　另外補充一點，若是把氣體裝在一端封口的注射器中，再放在真空中，那麼氣體推動活塞向外運動就是需要做功的啦，因為這裡涉及氣體分子對活塞的碰撞，並將一部分能量用於推動活塞運動，轉化為活塞運動的動能和摩擦生熱的內能，在外界非真空的情況下，還要抵抗外部氣壓做功。自由擴散和有容器的情況是不同的，應注意區分。

47 請問微觀上熱傳遞的實質是什麼？

熱傳遞主要存在三種形式：熱傳導、熱輻射和熱對流。

熱傳導是指介質無宏觀運動時的熱傳遞，在微觀上是粒子碰撞或原子、分子等振動發生能量交換的結果。比如，在氣體或液體中，分子運動相對自由，因此四處碰撞，動能發生轉移；在固體中，主要是鄰近原子透過鍵的作用將運動的能量傳遞過去；對於晶體，我們常將晶格的不同振動模式抽象為聲子，透過聲子的運動、產生和湮滅（annihilation）來研究熱的傳遞。

熱輻射是一切高於絕對零度的物體都會具備的向外輻射電磁波的屬性，也是真空中熱傳遞的唯一方式。其微觀上是由於分子、原子中的電子既可以吸收特定的能量向高能階狀態躍遷，又有一定的機率輻射電磁波回到低能階。

熱對流是流動介質對熱量的傳遞過程，微觀上是流體微團直接攜帶能量，在空間上轉移位置，從而實現熱的傳遞。這一過程通常涉及重力和浮力的作用，並且與材料密度隨溫度而改變的特點直接相關。

48 光速是絕對不變的嗎？

　　這個問法有一些歧義。如果「光速是絕對不變的」是指光速在參考系變換下絕對不變，那麼以目前的認知來看，是的。當然，這裡說的都是真空中的光速。

　　相對論被提出以前，人們透過馬克士威方程組計算得到電磁波的速度常量（光速 c）。但它在哪個參考系為 c 呢？人們希望找到一個光速為這個計算值的參考系，稱為「乙太」。但邁克生—莫雷實驗（Michelson–Morley experiment）的結果表明，不管沿哪個方向觀測（地球運動方向與光速方向相同或不同），得到的光速值都相同，「乙太」並不存在。這使得愛因斯坦將「真空光速不變」作為其狹義相對論的基礎之一，20 世紀初的物理學革命由此展開。因此，在相對論系統中光速不變原理是基石，不能由別的更基礎的原理證明，但其正確性已被很多實驗證實。如果一定要問為什麼光速 c 這麼特殊，這裡僅提供一個參考：光的靜質量為零的屬性本身就特殊，而相對論系統下零質量粒子運動速度只能為 c，因此 c 如此特殊。當然，這是在相對論系統內的自洽思考。

　　如果「光速絕對不變」是指光速為 30 萬 km/s 這個數字的絕對值不變，那麼這並不準確。光速的絕對值原則上是可

以改變的。改變光速的絕對值並不影響狹義相對論的基本假設。後者說的是光速不依賴於參考系。而且,目前也有模糊的證據證明現在的真空光速可能的確與宇宙早期有些許不同(證據存在爭議)。作家劉慈欣在科幻小說《三體Ⅲ:死神永生》中有關於降低真空光速到第三宇宙速度以下,形成「黑域」的設想,有興趣的朋友不妨去看看。

49 聲波的都卜勒效應(Doppler effect)是怎麼回事?光有沒有都卜勒效應呢?紅光會不會在一定速度下變成紫光?

我們看一下聲音是如何傳播的。當介質中的分子被聲源擾動而開始振動時,它就會帶動周圍的分子參與振動,接下來振動又會傳遞給更遠的分子。這樣,聲音就一直傳播下去。傳播的速度和分子之間的相互作用有關。無論聲源狀態如何(聲源速度不超過聲速),聲音的傳播都是因為介質分子之間相互影響,影響的效果和介質本身的性質有關,所以聲速不會改變。

至於光,無論光源動不動,光速都是不變的。光的傳播是由於電場和磁場在空間上相互激發。電磁波的波速可以由馬克士威方程組求出。無論光源是否在運動,馬克士威方程組都是成立的。無論光抑或電磁波,光速都可以透過馬克士

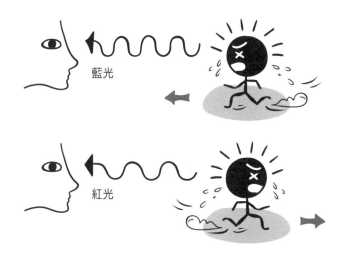

藍光

紅光

威方程組求出，光速也不會改變。

　　在靜止參考系中，如果光源向遠離觀察者的方向運動，那麼觀察者接收到的光頻率會變小，這種現象被稱為紅移；如果光源向著靠近觀察者的方向運動，那麼觀察者接收到的光頻率會變大，這種現象被稱為藍移。這是因為在光源的運動方向，波被壓縮，波長變短。在波源運動的相反方向，效應相反。

　　1848 年，法國科學家阿曼德・依波利特・斐索（Armand Hippolyte Fizeau）用都卜勒效應解釋了恆星光譜的偏移，並指出可以用都卜勒效應計算恆星的相對速度。不過，觀測明顯的都卜勒效應需要光源達到很大的速度。比如，要讓紅光（波長 400nm）透過藍移變成紫光（波長

760nm）需要波源速度達到光速的 0.56 倍，相當於每秒繞地球 4 圈。這是非常快的速度。

50 人們是怎樣發現動量、角動量這兩個比較抽象的物理量的？該如何理解角動量呢？

其實人們一開始沒有想到動量這個概念，而是想到了動量守恆。這源於 16 世紀至 17 世紀西歐哲學家對宇宙運動的思考。

當時的哲學家發現，周圍的物體——比如彈跳的皮球、飛行的子彈、運動的機器——最後都會停下來，於是自然而然地提出一個問題：天上的月亮會不會停下來呢？根據當時的天文觀測，人們沒有發現天體運動有絲毫減少的跡象，於是當時的哲學家認為，宇宙中運動的總量是不會減少的，只要找到一個適合的量描述，就可以看出宇宙的運動是守恆的。

法國的笛卡兒（就是發明直角坐標系的那位）最早提出：在碰撞過程中，質量和速率的乘積是不變的。但是後來荷蘭物理學家克利斯蒂安・惠更斯（Christiaan Huygens）在研究碰撞問題的時候發現按照笛卡兒的定義，動量不一定守恆。最後，還是站在巨人肩膀上的牛頓修改了笛卡兒的理論，將質量和速率的乘積改成了質量與速度的乘積，這才真

正意義上定義了動量。動量還被寫進了《自然哲學和數學原理》（*Mathematical Principles of Nature Philosophy*）。然後，還是牛頓，在研究克卜勒第二定律（太陽系中太陽和運動中的行星的連線在相等的時間內掃過相等的面積）的時候，隱約提出了角動量的定義，並且用平面幾何的方法證明了在中心力下的面積定理（這個也寫進了《自然哲學和數學原理》）。後來，李昂哈德・尤拉（Leonhard Euler）在《力學》（*Mechanica*）中也解決了一些角動量的問題，但是沒有進一步發展；丹尼爾・伯努利（Daniel Bernoulli）提出了類似現代意義上的角動量，但是也沒有嚴格化。後來幾經流轉，在皮耶・拉普拉斯（Pierre Laplace）、路易・龐索（Louis Poinsot）、讓・傅科（Jean Foucault，利用傅科擺顯示地球自轉的那位元）手裡過了一遍之後，直到 1858 年，一位蘇格蘭工程師威廉・蘭金（William Rankine）在他的手稿中嚴格定義了角動量。

角動量主要從角動量守恆來理解，是人們偶然發現的封閉系統轉動過程中的一個不變數。科學家最終證明，在更複雜的情況下這個守恆依然成立。深刻（聽不懂）地說，它是空間轉動群的生成元素，來源於系統對空間轉動的對稱性。

參考文獻：https://en.wikipedia.org/wiki/Angular_momentum。

51 為什麼抽氣泵不能把真空罩抽成完全真空狀態？

這裡說的「完全真空狀態」應該是指完全沒有已知粒子的狀態，這的確無法達到。

一方面，你要抽空的腔體內壁在源源不斷地「放氣」，也就是不斷有粒子從中跑出來，這是無法避免的；另一方面，即便沒有這些跑出來的氣體，泵在抽氣時，抽氣的速率也會隨著真空度的增加而降低，也就是說，你越抽越慢，再久也無法完全抽乾淨。綜合兩種因素，隨著抽氣速率不斷下降，到了與腔體內壁放氣速率相等時，這裡就達到了動態平衡的狀態，此時的真空度就是穩定時的真空度。

52 一般情況下，液體的分子排列無序，間隔較大，固體分子排列有序，間隔較小，為什麼水結成冰密度卻變小了？

H_2O 的體積隨溫度的變化反常，這一點可不僅僅體現在結冰的時候。事實上，在降溫過程中，到了 4℃，水的體積就開始膨脹了。這要歸因於水分子的特殊之處——氫鍵。H_2O 的三個原子不是一條直線，而是呈一個角度排列。除了 H 和 O 之間的化學鍵之外，還有水分子之間的氫鍵作用。溫

度較高時，氫鍵作用並不明顯，到了 4℃ 以下，氫鍵的作用堪比分子內部的化學鍵，其效果就是讓水的排列有了一種特殊取向，即水分子之間的 H「頂」在一起。這是一種空間利用率很差的排列方式，所以 H_2O 的體積就變大了。溫度越低，這種排列就越明顯，體積就越膨脹，直到 H_2O 成為固體。

　　思考題：0℃ 的水和 0℃ 的冰哪個分子間距大？

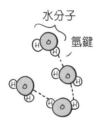

水分子
氫鍵

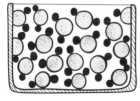

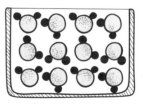

水

水

53 為什麼發射衛星的軌跡是橢圓形，而地面上的拋體運動軌跡是拋物線？

其實都是橢圓啦！只是在地面附近，物體的運動範圍相比地球而言小得多，重力場可近似為勻強場，此時推導得到物體軌跡為拋物線。實際上，橢圓頂點附近的小段曲線，也確實可以用拋物線來近似。不過，對於連心力場中物體的運動軌跡，需要用 Binet 公式嚴格求解，涉及理論力學和微積分的相關知識。

若不考慮空氣阻力等因素，僅考慮最簡單的模型，則平方反比場中物體的運動軌跡為二次曲線，即圓錐曲線，包括：橢圓（包含圓形這一特殊情況）、拋物線、雙曲線，三者分別對應偏心率 $0 \leq e < 1$，$e = 1$，$e > 1$ 的情況。相應地，我們也可以透過該物體的機械能 E（動能與位能之和）判斷軌跡的形狀，$E < 0$ 時為橢圓，$E = 0$ 時為拋物線，$E > 0$ 時為雙曲線。

所以，在地面上拋射物體也是可以得到嚴格的拋物線的，只是其動能要大到足以完全脫離地球重力的束縛才行，這可是很大的能量，與普通情況有本質的不同。比如，火星探測器至少需要達到第二宇宙速度 $(2gR)^{1/2} = 11.2 \text{km/s}$ 才能沿拋物線離開地球，超過第二宇宙速度才能沿雙曲線離開

地球，如果速度處於第一宇宙速度到第二宇宙速度之間，就只能做一顆沿著橢圓靜靜環繞的衛星啦，如果速度再小一點……對不起，那就是一個墜落的悲劇，真的跟你扔個石子掉到地上沒多大區別了。

54　如何簡單闡述角動量守恆？又該如何使用？

　　角動量守恆在古典力學和量子力學中有不同的意義，所以我們分為兩個部分回答。

　　（1）古典力學中的角動量守恆

　　我們在系統中定義一個叫角動量（$L = r \times p$）的物理量，如果我們測量／計算發現任意時刻的角動量數值不變，就稱之為角動量守恆。在牛頓力學中，角動量的變化由力矩決定：$\frac{d}{dt}L = M$。可見力矩為 0，角動量不隨時間改變。這就是角動量守恆的條件。在分析力學中，當系統的拉氏量不隨系統的旋轉而改變時，系統的角動量守恆。這兩種表述是等價的。利用角動量守恆可以簡化系統的求解，如連心力場就是典型的角動量守恆情況，我們可以利用角動量守恆直接推出克卜勒第二定律。

　　（2）量子力學中的角動量守恆

我們在系統中定義一個算符叫作角動量算符（$L =$
$r \times p$，這裡的字母 L 代表角動量算符），角動量算符的本徵
值就是角動量。如果我們測量／計算發現任意時刻的角動量
的平均值不變（注意，量子力學要求平均值不變，古典力學
只要求數值不變），我們就稱系統的角動量守恆。在量子力
學中，要保證角動量守恆，角動量算符和哈密頓函數
（Hamiltonian）對易即可。在角動量守恆的系統中，我們可
以把角動量作為好量子數，利用好量子數可以使哈密頓量對
角化的過程大大簡化。

55 磁化的本質是什麼？

磁化過程就是磁性材料在磁場作用下，磁化狀態發生改
變，直至達到磁飽和狀態。

在同一磁體內，自發磁化強度大小是一致的，磁體中有
許多磁疇，這是鐵磁材料在自發磁化的過程中為了達到能量
最低產生的小型磁化區域，每個區域內部有大量原子，原子
磁矩方向相同。而相鄰的不同區域之間原子磁矩排列方向不
同，宏觀上表現為自發磁化強度大小相同，但是方向不同。
磁疇的交界面稱為磁疇壁，表現出的整體的磁化強度可以寫
為：

$$M=\sum_i M_s V_i \cos\theta_i$$

其中 M_s 為自發磁化強度，V 是磁疇的大小，θ 是磁疇方向和易磁化軸的夾角。因此，在外磁場作用下，發生改變的是這三者，分別對應內稟磁化強度的改變、磁疇壁位移以及磁疇轉動。

56 比熱會隨物質溫度上升而增大嗎？

熱容量（比熱和熱容量只差一個質量係數，討論兩者是一樣的）是系統升高單位溫度時內能的變化。一般情況下，在很小的溫度範圍，我們認為熱容量是不變的，實際上熱容量隨溫度變化是物質世界普遍存在的現象。

比如，雙原子分子理想氣體的熱容在常溫下為 $5/2Nk$，在達到幾千度的時候變為 $7/2Nk$（N 為分子個數，k 為波茲曼常數）。我們可以把雙原子分子想像成同時用彈簧和玻璃棒連接的兩個小球。開始時溫度較低，「分子」運動速度較慢，能量不足以撞碎玻璃棒，這時彈簧相當於不存在。當溫度逐漸升高，玻璃棒破碎，彈簧就起作用了，振動自由度參與到能量的分配當中。由於古典的能量均分定理，原來平均分配給平動自由度和轉動自由度的能量，現在需要分給振動

自由度一部分。於是，吸熱相同時，平動能增加得沒那麼多了，溫度也升高得比原來少了，即熱容增大。當然，更為準確的說法是，振動能是量子化的，較低溫度的熱運動不足以使分子發生振動能階上的躍遷，要達到 K 量級，熱容才需要考慮振動的影響。

熱容隨溫度變化還有一個比較典型的例子，就是電子。電子的熱容和溫度成正比，常溫下很小，要達到 10^4K 的量級才能和晶格熱容相比較。電子是費米子，滿足包立不相容原理，每個能階只能佔據兩個自旋相反的電子，所以最高佔據能階已經很高了，常溫的熱運動只能影響最高佔據能階附近的一部分電子。考慮晶格振動和電子的熱容，我們就得到了在溫度極低的情況下，金屬的熱容趨近於 0。比較有意思的是，根據熱容的定義，熱容可以為負值。黑洞的溫度和其質量成反比，而質量和能量是相當的，也就是說黑洞吸收能量後溫度下降，從而表現出負的熱容，並且和溫度的二次方成反比。

57 為什麼物體在最速曲線上運動得最快？

最速曲線是指不考慮摩擦的情況下，小球從一點自由滑落到下面另一點用時最短的軌道曲線。首先可以確定的是，

由於機械能守恆，物體無論經過哪個軌道到達底部的速度都是一樣的。直觀來看，好像兩點之間線段最短，直線過去應該用時最少。然而並不是這樣。如果一開始的斜率絕對值比兩點間的直線更大，它將使小球更快加速，這是這種情況用時更少的一個因素，雖然另一個因素會導致用時更長——路程變長了。總之，不能簡單認為直線用時最少。

求最速曲線需要結合各處的斜率（決定加速度）和路程，把所需時間 t 當成曲線方程 $y(x)$ 的泛函數，也就是把 $y(x)$ 及其導數放在積分中表示時間。$y(x)$ 本身是個不知道具體形式的函數，時間表示成了 $y(x)$ 的函數，像這樣的函數就叫作泛函數。利用變分方法得到的令時間最小的最優解 $y(x)$ 就是最速曲線的方程。沒有變分基礎的同學可以大致瞭解一下，有變分基礎的同學……我猜你們都已經想過這個問題了吧。

58　為什麼電場線越密，電場強度越大？

我們以靜電場為例解釋這個問題。電場線作為描述電場的視覺化手段具有直觀、形象的特點，但同時它丟失了對電場描述的精確性。高中課本中提到，電場線密的地方電場強度大，但是我們也可以透過電荷的分佈來求出電場強度的大

小。這兩種方法看起來是各自獨立的,那麼它們提供的大小是一致的嗎?答案是肯定的:電場中某一點會有一個方向,沿著這個方向畫一條短線到達另一點,此處也有一個電場方向,再沿這個方向畫一條短線,以此類推,可以得出一條電場線。

如果我們在沒有電荷的電場中做一個垂直於電場的小圓,以圓周上各點為起點做電場線,我們可以得到一個由電場線圍起來的管道。從電場線的畫法我們可以看出,管壁上電場方向都沿切向,所以管壁上的電場對於整個管道的電通量沒有貢獻,電通量只來自管道兩端。由高斯定理可以推斷,兩端的電通量大小相同符號不同,又因為電通量的定義是 $\Phi = ES$,所以面積小的一端電場就強,面積小就代表管壁上的電場線離得近,換句話說就是電場線更密。所以,電場線越密的地方電場強度越大。

59 電子不是互相排斥的嗎,為什麼會有電子對的說法?

首先聲明,這裡的電子對,確實是兩個電子,形成了一對快樂的小夥伴——電子對。

「異性相吸,同性相斥」是我們從小就耳熟能詳的法則,物理老師告訴我們,這個法則不僅適用於男孩子和女孩

子，也適用於磁和電。用於磁的時候，性質指的是磁極；用於電的時候，性質指的是電荷。那麼問題來了，電子之間相互排斥，也就是說它們「討厭」著對方，那它們又為什麼會一起愉快地玩耍，形成「對」呢？

在沒有外界「幫助」的時候，兩個電子確實是不可能形成穩定的對態的。它們就像兩個討厭著對方的冤家，是不會想見到彼此的。要是有一個中間人呢？有個中間人調解一下，兩個冤家是不是有時候也能愉快地玩耍了？我們以 BCS 超導理論中的庫柏對（Cooper pair）為例，這個情況下的「中間人」就是聲子，也就是晶格振動。美國物理學家庫柏（Leon Cooper）曾經證明：一般來說，只要電子之間存在重力，哪怕很微小，也會使費米面附近的電子結合在一起，形成庫柏對。簡單來說就是只要有重力，有些電子就可以形成對。那麼我們來分析一下低溫超導中的這個重力是怎麼出現的。

晶格中的離子核（Ion core）都是帶正電的。當第一個電子在某些離子核中間運動時，重力作用會使該區域的離子核密度出現漲落，電子附近的離子核密度變大。密度大的離子核顯然對第二個電子更有「吸引力」，這個吸重力在一些情況下是可以大於電子之間的斥力的，這樣合成的有效作用就是吸引力了。在這個吸引力下，就能出現電子對了。

60 為什麼反射、折射可獲得偏振光？它們是如何使光的振動面只限於某一固定方向的？

考慮光的反射和折射時，我們一般利用古典電磁理論就足夠了。在古典電磁理論中什麼才是最基本的呢？沒錯，就是馬克士威方程組。當一束光照到介質表面時，會形成一個邊界條件，結合馬克士威方程組，我們可以透過解這個邊界條件得到反射光和折射光二者的電向量與入射光的電向量的關係，而這個關係就是大名鼎鼎的菲涅耳方程（Fresnel equations）。透過分析菲涅耳方程，我們可以知道，當入射角為布魯斯特角（Brewster angle，又稱偏振角）時（此時反射光與折射光垂直），反射光為完全偏振光，偏振方向垂直於入射面。但是一般情況下，若入射光不是完全偏振光的話，折射光是無法產生完全偏振光的。

關於菲涅耳方程的更多具體知識，讀者可自行查閱電動力學相關的圖書，篇幅有限，這裡不多闡述。

61 在橡膠中，聲音的傳播速度只有幾十公尺每秒，比室溫空氣中速度低。請問這裡有什麼內在原理嗎？

從本質上來說，聲速對應的是微小擾動在可壓縮介質中傳播的速度。在固體中，聲波既有橫波也有縱波，即材料中

的原子或分子在垂直或沿著波傳播的方向上來回地振動。我們簡單地想一下，如果單個分子或原子自己振動的方向和聲波傳播方向盡可能相一致，那麼在該方向上，分子間碰撞的機率增大，擾動傳播的速度就會加快，換言之，聲速也就更快了。一般說來，固體中聲速的公式為：

$$v_s = \sqrt{\frac{K}{\rho}}$$

其中，K 為彈性模量，ρ 為固體材料的密度。計算固體材料的聲速，要從這個材料的具體性質參數出發。因此，聲波在橡膠中的傳播情況也不能一概而論，天然橡膠中聲速很低，但如果提高了硬度，比如製作出了硫化橡膠，那麼在其中傳播的聲速就會提高很多。

62 相對論效應能用速度合成來解釋嗎？物質都以光速 c 進行時空運動，空間方向分速度變大會使時間方向分速度減小。

哇，這位同學，這個你是不是自己想出來的？的確可以這麼考慮。相對論中一切質點的四維速度的模均為光速 c，不論其質量是否為 0。不過，四維向量模值求法和一般的歐氏空間中向量的模值求法不同，這和度規張量（metric tensor）有關，不能簡單地使用平行四邊形法則。

這裡有一個與之相關的內容，如果我們建立一個（x, y, z, ict）四維空間，我們可以發現，其實勞倫茲變換就是（x, ict）平面上的轉動公式。

63 凸透鏡可以將物體放大，我們為什麼還需要顯微鏡？

我們來分析一下凸透鏡的放大倍數公式 $k=f/(f-u)$，可以看出，放大倍數取決於兩個因素：一是凸透鏡的焦距 f，二是物距 u，上述公式在 $u<f$ 時成立。在保持 f 不變的情況下，我們可以透過不斷增大 u 來得到更大的放大倍數（相信用過放大鏡的同學都有體會）。

那為什麼我們還需要顯微鏡呢？考慮到實際情況，人眼觀察物體的大小，一方面取決於物體的實際大小（線度），另一方面取決於物體對人眼的張角。這裡提到的放大率，確切地說是線度的放大率，如果我們不斷增大物距 u，雖然正立的虛像會不斷被放大，但同時它到我們人眼的距離也越來越遠，所以就實際觀察而言，我們並不能透過一個簡單的凸透鏡得到很高的放大倍數。當觀察非常微小的物體時，顯微鏡就必不可少了。一般而言，凸透鏡上所標注的放大倍數，是指虛像位於人眼明視距離（最適合正常眼細緻觀察物體又不易產生疲勞感覺的距離）時的放大率。

　　值得注意的是，上述放大倍數的公式是在理想凸透鏡以及近軸光線條件下匯出的，實際應用中還要考慮球差、色差等因素的影響，它們也會限制凸透鏡的放大倍數。

64 非金屬加壓之後會變成金屬，這是什麼原理？為什麼質子數會改變？

　　常見的物質都是由原子構成的（廢話），它們的導電性要由原子的相互作用方式、空間分佈形式提供。如果我們逐漸增大壓力，原子的組織形式就可能發生變化，物質的導電性就可能被改變，至於具體怎麼變，情況可能很豐富。

　　比如，有一類絕緣體叫莫特絕緣體（Mott insulator），這個物態差一點就可以被稱為金屬了，但是其電子間的相互作用使得能帶劈裂而變得絕緣。不過，人們發現，只要加大壓力就能使這些能帶移動並交錯，使之變為導體。

　　對於金屬氫，這一變化更加劇烈。我們知道通常情況下，氫原子都是兩兩組成分子，再以凡得瓦力（Van der Waals force）結合為液體與氣體。但是人們根據理論預言，只要加上足夠的高壓，氫原子就會像金屬一樣構成晶格，而它的電子也會像在金屬中一樣巡遊。這時，原子間的相互作用就更類似金屬鍵了，以類似非金屬形式存在的氫也就變成了完全類似金屬形式存在的氫了。與之類似，人們也預言許

多富氫的材料在高壓下會變得類似金屬。比如,人們已經成功觀察到了 H_2S(硫化氫)的金屬化,但是金屬氫與其他材料的製備還不是很順利。一個有趣的地方是,氫離子是裸的質子,所以金屬氫可以視為一種電子簡併物質。

　　高壓下的物態變化應該還有很多種,我認為物質金屬化的過程還有許多可能性,不過我水準有限,現在只能想到這兩個。我覺得相反的過程也應該是存在的,舉一個可能不太恰當的例子,石墨是一種導體,但是在高壓下石墨可以被壓成鑽石,這就是一種絕緣體了。

65　物理中的邊界條件是指什麼?它很重要嗎?邊界條件就是臨界條件嗎?

　　我們在解決實際問題的時候,光有一個足以描述系統的方程是不夠的,往往需要其他一些附加的關於系統的資訊,比如初始狀態、邊界上的情況,等等。這些附加條件被稱為定解條件(definite condition),而邊界條件(boundary condition)就是其中的一種。

　　舉個例子:求解一根弦的振動時,除了關於這個弦的振動方程(關於這根弦的各種參數應該已經包含在這個方程裡)以外,我們應該還需要這根弦兩端的情況——可能是固定的,也可能是自由的——這就是關於這個問題的邊界條

件。而臨界條件（critical condition）通常是指系統由一種狀態剛好轉化為另一種狀態時滿足的條件，與邊界條件不是同一個概念。

66 馬克士威妖是怎麼一回事？

馬克士威妖是馬克士威所進行的一個思想實驗，用於說明熱力學第二定律的局限性。

馬克士威設想一個容器被擋板隔為 A 和 B 兩個區域。有一個小妖控制著擋板，小妖知道每個分子的運動速度，並且當 A 中速率較高的分子要撞上擋板時，小妖會為其開一扇門，引導分子進入 B，而不讓速率較低的分子通過。對於另一側，小妖則讓速率較低的分子進入 A，速率較高的分子留

在 B。這樣一段時間後，A 中分子整體速率較低，B 中分子速率較高。即 A 中溫度較低，B 中溫度較高。這似乎在不做功的情況下，使得 A 的溫度降低，B 的溫度升高。因此，馬克士威認為：僅在物體較大，難以區分構成物質的分子時，熱力學第二定律才成立，所以要對熱力學第二定律加以限制。

我們都知道，馬克士威妖是被證偽的。原因很簡單：在馬克士威的假想中，容器應該是孤立系統。實際上，為了知道每個分子的運動速度，我們需要加入能量或者物質進行檢測，容器實際上不是孤立系統，因此馬克士威妖不僅沒有駁倒熱力學第二定律，反而成為熱力學第二定律的一個例證。

67 如何生動具象地理解晶格振動？

晶格振動，就是晶體原子在格點附近的熱振動。晶體中的原子很調皮，它們不喜歡在受力平衡的地方老老實實地待著，而喜歡繞著格點進行小幅度的振動。

現在，我們一般用聲子來描述晶體中原子的振動。我們對晶體中原子勢場做泰勒展開，只保留到二次項，然後由晶格的平移對稱性，可以得出結論：晶體中所有的振動都可以用有限多的振動模式疊加得到，每種振動模式都代表了原子

集體形成的簡諧波。這些振動模式的量子化就是我們所說的聲子（看不懂的話可以跨過這一部分）。

簡單來說，複雜的晶體振動可以用有限種簡單集體波動的疊加來描述。我們在研究各種和晶體振動相關的理論時，只需要考慮這些振動模式，不需要考慮具體的複雜振動。

68 慣性質量和重力質量到底有什麼區別，不都是質量嗎？

雖然它們都是質量，但是仔細思考「質量」的含義，我們就會發現兩者的概念並不相同。

慣性質量表示的是力對物體產生加速度的困難程度，這裡並不針對特定種類的力，只是表明一個力的效果。而重力質量可以類比電荷，或可稱為「重力荷」，表明的是產生重力和接受重力的能力大小。這樣看來兩者不是一回事，甚至並不一定有什麼關係。

不過牛頓注意到，單擺的週期只與擺長有關，而與擺錘的材質和重量都沒有關係。（單擺問題本質上可以用 $F=ma$ 來研究，重力質量包含在 F 裡，而 m 是慣性質量。）這說明，對於任何物體，重力質量和慣性質量的比是一個常數。以後的很多實驗也都證實了這一點。而根據萬有引力定律，我們可以把兩者的比值定為 1，將常數收縮到萬有引力常數

裡面去。

慣性質量和重力質量的等效性是廣義相對論第一基本原理——等效原理——的基礎。如果沒有重力質量和慣性質量的嚴格相等，重力場和加速場的等效就無從談起，愛因斯坦的電梯思想實驗也就完全是臆想了。

69 力學和物理學怎麼就分家了？

大家都是從牛頓力學出發的，但走了不同的路。

物理學在努力拓寬力學的適用範圍，從微觀的量子力學到高速的相對論力學，努力加深人類對基礎物理學定律的理解。而力學專業是在牛頓力學的框架下不斷細化深入，不斷研究越來越複雜的系統，比如研究亂流、非線性效應，以及具體到導彈和太空飛行器的動力學分析。

兩條路的研究範式差別比較大。力學系學生可能完全不需要學習對物理系來說最重要的量子力學，物理系學生可能對力學系最重要的偏微分方程和非線性效應只有一個非常粗淺的認識。

這兩條路都極其複雜，足夠耗費一個人的一生，所以慢慢就分家啦。

思考題：錢學森是世界著名的什麼學家？

70 量子力學有三套等價的理論基礎框架：波動方程、矩陣方程、路徑積分。初學者要從哪裡入手呢？三個都要學嗎？

習
篇

　　三種是等價的，但各有特點。

　　波動方程的特點是圖像清晰，用到的數學比較常見，方便實際應用，在處理化學中的原子、分子的電子結構時可以讓你非常得心應手。

　　矩陣方程在表述量子力學自身的理論結構時最為清晰，最容易讓你理解量子力學到底在做什麼，在處理量子資訊和凝聚態理論中的一些離散模型時用得很多。

　　路徑積分可以用最自然的方式把古典理論過渡到量子，對量子力學的物理意義表現得更深刻，是通往更高層次的物理的墊腳石，但計算最麻煩，一般不用來處理實際問題。

　　所以結論來了，對於化學系和生物系的一些同學而言，量子力學只是一門計算工具，他們最適合學習薛丁格的波動方程。絕大多數（甚至是所有的）物理系學生則應該先學矩陣力學形式，明白量子力學到底在幹什麼，再學波動力學。想學量子場論，或者對物理理論本身感興趣的同學，應該在學完矩陣力學和波動力學之後再學路徑積分。

71 牛頓重力為什麼不能改寫成勞倫茲協變形式與狹義相對論相融?

建築師修個房子還要考慮相對論修正,建築師表示好累。

簡單也是一種美德。它使得人們在學會知識、收穫回報的同時,還能把更多的精力投入到其他有意義的事情中去。縱觀人類歷史,如果什麼東西簡單又錯不到哪裡去,那它就很難被徹底取代,包括科學、藝術、政治、傳統文化、世俗偏見,等等。

72 「量子力學」與「量子場論」兩門課有什麼區別? 必須兩個都學嗎?

量子力學能解決非相對論性的單個粒子的微觀世界的運動問題——聽起來好像很弱,但這個範圍已經包括了絕大部分化學、部分生物、整個微電子學、晶片與積體電路、現代光學、量子資訊,等等。量子力學可以說是物理學中應用最廣的一門學科,對於絕大多數學習物理類專業的學生而言,量子力學都是必須好好掌握的。

量子場論解決的是相對論性的多個粒子耦合的微觀世界的運動問題——這很強大,也很複雜,所以一般能用量子力

學的地方我們是絕對不用量子場論的。它主要用於比較前沿的物理研究，比如弦理論、高能物理（包括核子物理和粒子物理），以及凝聚態中的強關聯物理。大部分物理系學生不需要學量子場論。

致需要學但學不懂的同學——沒事，你有一輩子嘛。

73 人們如何保證 ps、nm、nK 等單位的精度？

測量說到底是計數或比較。

運動員跑 100m 所需要的時間就是與裁判員碼錶跳動次數的比較結果。碼錶對運動員跑步時間測量的準確性由碼錶跳動頻率的穩定性決定。通常，碼錶跳動的參考源來自石英晶振，其每秒的跳動頻率變化可達百萬分之一量級，這樣的穩定度對於運動員跑步的時間度量已經足夠準確了。

同樣的道理，得益於自然的饋贈，原子內電子的躍遷是原子的固有共振頻率，其穩定程度可達 10^{-18} 次量級，相當於 160 億年不差 1 秒。在如此穩定的原子鐘（比如鍶原子光晶格鐘）的輔助下，人類透過跟它的計數比較，自然可以獲得 ps（皮秒）甚至 fs（飛秒）的測量準確度。

時間／頻率是人類掌握得最精確的物理量，其他物理量若能跟時間／頻率建立直接聯繫，其測量精度也隨之提升。

比如長度的國際標準定義，依賴於光速不變定理，1m 可轉換成光在真空中跑 1/299792458s 所經過的距離。

不過，如果教條地應用國際標準，將其推到微觀尺度——比如將奈米尺度的測量轉換為高能 X 光（波長在 0.1nm 以下）在飛秒時間內運動的距離——真這麼做會讓實驗物理學家睡不著覺，因為在如此小的尺度下進行如此短時間延遲的測量超過了人類目前操縱自然現象的極限。

實際上，更可靠的做法是利用真空中光子內稟的波長 λ 與頻率 υ 的關係（λ＝c/υ），將特定頻率的波長作為微觀世界的標準量尺。比如，常用的銅靶 Kα1 對應的 X 光波長是 0.154nm，我們也可以使用高大上的、波長大範圍可調的同步輻射光源。

極低溫度的測量，依據微觀原子的動能對溫度的定義（$3kT＝mv^2$，k 為波茲曼常數），可轉換成在顯微鏡下測量的被雷射冷卻的原子的擴散速度。以銣原子為例，如果在顯微鏡下看它們在 1s 內移動 1mm，則估計其溫度是 5nK(nano Kelvin)。據我們所看到的報導，目前冷原子領域的最低溫度記錄是幾十 pK(pico Keivin)。

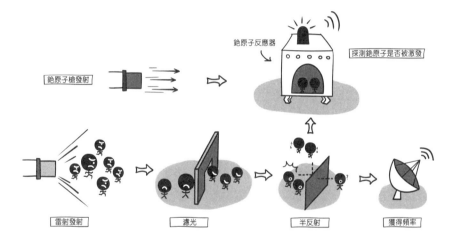

鈽原子反應器

探測鈽原子是否被激發

鈽原子槍發射

雷射發射

濾光

半反射

獲得頻率

Part4

宇宙篇

01 　地球為什麼沒有因太陽一直照射而越來越熱？

　　地球確實是越來越熱，不過主要原因是溫室效應，而不單單是因為太陽一直照射。地球的能量來自太陽光的照射，而從地球誕生到現在，陽光就一直照射著，地球上的能量豈不是越來越多，溫度越來越高？

　　其實不然。地球這個熱力學系統，在源源不斷地吸收太陽輻射的能量的同時，也在向外面散發著能量。照射到地球上的一部分陽光被地表吸收，一部分被植物光合作用儲存成生物能。而動物的活動又將這部分生物能消耗掉，變成熱量散佈到周圍環境中。這些因素都使地球環境中的能量升高。

　　我們知道，有溫度的物體都會向外界散熱，其散熱方式包括熱傳導、熱對流和熱輻射，地球也不例外。不過面對太空這個環境，地球只剩下了輻射這一個方式。這樣，地球一方面從太陽光得到能量，一方面又透過輻射紅外線向太空散發能量，當吸收熱量與輻射熱量達到平衡時，地球的溫度就不變了。當然，得達到這個熱平衡，溫度才能不變。所謂的溫室效應，簡單說就是大氣層中二氧化碳等氣體濃度越來越大，本來要輻射到外太空中的紅外線被大氣吸收了，向外散發的熱量減少，而本身吸收的能量又不變，導致在現階段地球整體的溫度上升。

02 地球到底是實心的還是空心的？科學家如何知道地球內部有核、幔、殼結構？

　　如果看過凡爾納（Jules Verne）的《地心探險記》（*Voyage au centre de la Terre*），你肯定會被書中主角一行人從火山洞跳入地心的經歷所吸引。在凡爾納的年代，人們難以對地球內部結構有深層的認識，地球空心論曾大行其道，當時也有很多試圖找到通往地心的洞穴的冒險家。但如果對此稍加分析，我們就會發現地球空心很大程度上是不合理的。如果是空心的，那麼地球如何抵抗大質量物體相互吸引的重力而不至於塌縮呢？

　　花開兩朵，各表一枝。人類發現地球的分層結構時利用了地震波。1910 年，克羅埃西亞科學家莫羅霍維奇（Andrija Mohorovi i ）發現地震波的速度在地下某一深度處有突然的增高，這裡就是地殼與地函的分介面。1914 年，美國科學家古登堡（Beno Gutenberg）發現在地下更深處，還有一個速度分介面，這就是地函與地核的分介面。

　　但我們對地下真實情況的瞭解還是很膚淺的。人類目前能到達的深度有限，蘇聯的柯拉超深井鑽到了地下 12km 處，但連地殼都還沒有鑽破。利用對岩漿等的研究，我們也能獲得一些關於地函物質的資料。但目前我們對地球內部物

質組成還有很多未被證實的猜想。

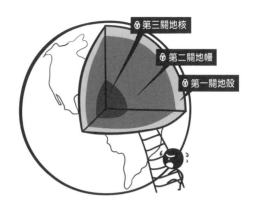

03 地球及一切其他星球自轉的原動力來自哪裡？是什麼能量一直驅使著星球的自轉？

　　這個問題非常基礎，但問的朋友有點多，所以我們還是回答一下吧。

　　在理想情況下，物體的運動是不需要能量來維持的。物體天然就可以永遠運動下去，這是由伽利略發現的古典力學的基本法則之一。現實生活中物體的運動往往不能永遠維持下去是因為摩擦力、空氣阻力等耗散作用普遍存在，所以物體的運動需要額外施加能量來維持。

　　而星球在真空中自轉，幾乎沒有耗散作用，天然就可以

長久地自轉下去，不需要能量。

不過物理君還要強調一點，永遠自轉下去不等於永動，永動機的定義不是字面上的「永遠動下去的機器」，永動機是指能夠永遠產生可用的能量（而不產生別的不可逆變化）的機器。

04　地球的自轉速度是否在減慢？

嗯，是在減慢。日子終於可以過得慢一些了——物理君瞎說的。

地球的自轉週期，也就是一天的長度，每隔十萬年增加 1.6 秒。而地球自轉速度變緩的原因可歸為外界因素和內部因素兩類，其中外界因素起主要作用。外界因素主要來自長期的潮汐摩擦效應，內部因素主要來自無規的地核運動和季節性的大氣運動。

所謂「潮汐摩擦」，簡單說就是，月球和太陽透過佔據地球表面 71% 的海洋引發潮汐，把地球拖慢了。地球表面的潮汐形成兩邊較鼓的橢球，其旋轉的速度要慢於地殼的旋轉速度，因此地殼與海洋之間的劇烈摩擦導致地球自轉速度變慢。另外，潮汐的旋轉角速度快於月球的繞轉角速度，因此海洋的部分角動量又透過潮汐力產生的力矩傳遞給了月

球。

當然，說到地球上不規則分佈的物質，由於地球自轉角速度相對更大，它們都會透過月球潮汐力產生的平均力矩傳遞角動量給月球。即使地球是個完美的球體，也會因為重力的作用產生變形，從而產生力矩，這就是所謂的「潮汐鎖定」。

而且，由於能量守恆，在地球自轉速度減慢的同時，月球公轉週期會變長，並慢慢遠離地球。最終，這個潮汐摩擦和力矩的作用使得作用雙方趨於相互鎖定，即月球公轉週期與地球自轉週期相同，這也意味著一天與一個月的時間相同。我們常見的月球實際上一直以來都是以同一個面朝向我們的。這是因為月球的質量要比地球質量小得多，月球的潮汐鎖定已經提前完成。

同樣的過程也發生在太陽和地球之間。現在，地球上一年的時間遠大於一天的時間，當有一天地球相對於太陽的潮汐鎖定完成，那將出現一天與一年的時間相等的情形。那就真的是「度日如年」了。當然，有足夠長的演化時間，地球和月球、太陽和地球才能分別達到潮汐鎖定。這也從側面反映了我們的地球作為太陽的行星，仍然處於相當年輕的階段。

地球自轉變慢的兩個內部原因——無規的地核運動和季節性的大氣運動——可以這樣理解：（1）角動量不變時角

速度大小可以變化；（2）角速度的方向與角動量的方向可以是不一樣的。

比如，花式滑冰運動員在做原地旋轉動作時，其手臂向內收的同時，他自轉的速度將會變快。只要角速度的方向不平行於旋轉物體的主軸，角速度方向就會一直變化。考慮一個極端情形：你向上拋一根長細棒，讓細棒沿著長軸方向高速旋轉（細棒足夠細的情形下，其貢獻的角動量可忽略不計），然後再使細棒沿著垂直長軸的方向旋轉上拋，此時角速度在空中必然是會發生變化的，而角動量是不變的。明白了這些，你自然能理解地球內部運動導致的自轉速度變化。

最後，物理君還可以提出一個能造成地球自轉速度變慢的內部因素，這也是全地球人都能參與的活動，那就是把靠左行駛的汽車全部改為靠右行駛，這樣一來，一天的時間就增加了[1]。當然，這個所謂的一天時間變長是相對於汽車都停在原地不動的情形而言的，其變化也十分微弱。

1　定義角動量方向沿著地球自轉方向一自西向東一為正。將交通規則中車輛靠左行駛改為靠右行駛，會使得交通工具相對於轉軸的角動量增加。這是因為所有向東的運動將比之前遠離地球的自轉軸，因而將獲得更多的正向角動量。相反地，向西方向的運動則減少了它的負向角動量。假定東西方向（其他方向都有這兩個方向之一的分量投影）的交通流量相同，整個地球系統的轉動慣量不變。地球系統總角動量守恆，因此地球的角動量將減少，其自轉速度減小。（資料來源：《200道物理學難題》第 97 題）

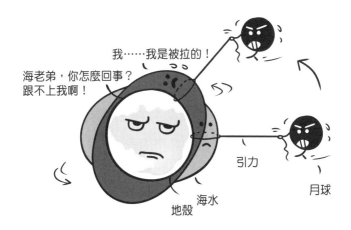

我……我是被拉的！

海老弟，你怎麼回事？
跟不上我啊！

引力

月球

海水

地殼

05　為什麼極光是綠色的？

　　首先我們需要知道，極光是來自地球磁場或太陽的高能
帶電粒子流使高層大氣分子或原子激發而產生的。根據能量
最低原理，激發態是不穩定的，被激發的原子等一段時間後
（這段時間稱為壽命）會釋放出一定能量的光子，然後回到
穩定的基態，這一過程中放出的光就是極光。而大氣分子主
要是由什麼構成的呢？沒錯，主要是氮氣和氧氣。

　　根據我們上面的闡述，極光顏色主要靠激發態決定，也
就是由大氣分子的組成以及入射電子能量大小決定。當入射
電子能量不太大時，氧原子容易被激發，最終產生的光波為

557.7nm 的淡綠色光。而能量較大時，氮原子容易被激發，最終產生 427.8nm 的藍色光。能量很大的時候，630nm 的紅光容易發出。

雖然高層內空氣密度小，但是碰撞對於壽命長的態而言依然是有巨大影響的，比如，630nm 的紅光壽命約為 110 秒，而處於這種激發態的原子，只要被其他原子碰撞，激發態就會改變，再躍遷回基態時發出的光的顏色也會隨之改變，不會再是紅光了。而 557.7nm 的淡綠色光壽命為 1 秒左右。人眼可以觀測到的較低層空氣密度相對高層較大，碰撞較多，因此人們看到的極光多為綠色光。

06 太陽是個什麼樣的「火」球？

太陽的成分主要是氫和氦，也有少量其他元素；其能量來源主要是內部核融合；太陽的結構就比較複雜了，從內到外有不同的區層，肉眼看到的可見光主要是從靠近外層的「光球」層發射出來的，溫度為 5000℃ 左右（隨位置變化）。從這個角度講，它有點類似超高溫火焰。光球包含很多種類的元素，具體成分可以從太陽光譜中推測，原理類似焰色反應。更外層的日冕溫度極高，達到百萬 ℃，因而其中氣體極其稀薄，且幾乎完全游離。這些等離子體高速運動會

帶來磁場（太陽磁場來源不止一種）；磁場也會影響到等離子體的運動；離子和電子在磁場中的迴旋運動和振盪還會帶來各種電磁波輻射。另外，磁重聯過程釋放巨大的能量，也會帶來一系列豐富的現象。

總之，把太陽比作火球，形象直觀，但也過於簡單——其中的物理現象要比普通的火焰豐富得多。

07 為什麼地球的重力無法束縛氦元素？

提問者這麼問，顯然是瞭解萬有引力與逃逸速度的。

如果把空氣中的分子想像成一顆微型的衛星，則當其速度大於第二宇宙速度 11.2km/s 時，就會完全脫離地球重力，飛向浩瀚的宇宙。考慮到室溫附近氣體溫度與分子平均動能的關係，可推得方均根速率 $v=(3RT/M)^{1/2}$，其中 M 為分子的莫耳質量。這說明，總體而言，質量越小的氣體分子，其運動速度越大。

儘管如此，氦原子速率每秒也就幾公里，與第二宇宙速度還差很多呢。可是別忘了，氣體實際速率是依機率分佈的，這就是馬克士威速率分佈，它拖著一條長長的尾巴；也就是說，有少量的分子速度可以很快。雖然這部分分子比例並不高，但是涉及地球演化的過程，時間尺度是很大的，經

過億萬年的積累，這部分逃逸就很可觀了。

當然，由於分子量不同，氣體間的差異也拉大了。這也是地球大氣層中氫氣和氦氣很少，而以氮氣、氧氣以及更重的氣體為主的原因之一。再看看其他星體：月球重力太小，啥都留不住；火星呢，重力比地球小些，氮氣、氧氣容易跑，所以大氣中主要的就是更重的二氧化碳了；而木星重力比地球大得多，其大氣中存在大量的氫氣和氦氣。

08 既然太陽主要是氫氦構成的，那陽光中的合成光線為什麼是白色的？

對於這個問題，簡單的回答是：太陽光譜是熱輻射的結果，而不是原子躍遷的結果，而氫氣燃燒的淡藍光是原子躍遷的結果。

物體發出單個光子有多種層次，分子層次上的能量小，一般包括微波，原子層次上的一般包括近紅外射線到近紫外射線（包括可見光），原子核層次的一般包括 X 射線和其他射線。當然也有粒子因速度變化（例如碰撞）而發出光子的情況。

這是一個氫、氦或者別的元素發出光譜的問題，我想你是在考慮原子層次的發光。以氫元素為例，根據波耳原子模型（The Bohr Atom，圍繞原子核運動的電子只能在特定軌

道上運動），如果氫原子外面的電子從一個高能階軌道躍遷
到低能階軌道上，那麼就會放出一個光子來。例如電子從 n
＝3 的軌道躍遷到 n＝2 的軌道，就會釋放出一個波長為
656.3nm 的光子（對應紅光）。

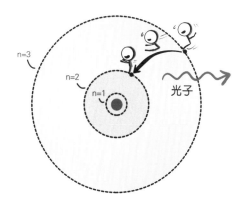

由於每個原子躍遷釋放的能量都是固定的，所以當它們
的電子從高能階躍向低能階時，就會釋放出特定的光子，每
種原子都對應自己獨有的一個發射光譜。宏觀上說，我們看
到氫氣燃燒時發藍光，鈉離子呈黃色等，這是它們的特徵譜
線。

反過來說，如果原子的電子從低能階躍遷到高能階，那
麼它就會吸收特定波段的光。假如我們用全光譜的光去照射
氫氣，從另一面收集到的光譜上就會有一些被吸收的線條，
這正是之前氫原子發射光譜對應的光譜線。

我們接下來考慮太陽的發光問題。這首先是發生在原子核水準上的。太陽之所以發光，從本質上說是因為它內部的氫核在高溫高壓下發生了核融合，四個氫原子聚變成了一個氦原子；由於四個氫原子的質量比一個氦原子的質量稍大，根據愛因斯坦的質能方程，減少的質量就轉化為能量，以 γ 光子的形式輻射出去。但是太陽內部粒子的密度太大了，這些輻射出去的 γ 光子不斷地與其他粒子碰撞。根據估算，一個光子若要從太陽發生核融合的地方跑到太陽表面，平均需要幾百萬到一千萬年。可憐的光子！經過百萬年的「挫骨削皮」，它早已變得面目全非了。那麼我們該如何考慮太陽發射出的光呢？

這要從統計的角度來考慮。按照目前的普遍看法，太陽是一個近似的黑體。所有照射到黑體表面的輻射都完全被吸收而不會反射，它發出的光線來源於其熱輻射。所以只要有

溫度，黑體就會輻射出電磁波，電磁波的波譜服從普朗克定律。這就是所謂的黑體輻射。太陽表面溫度為 5000 多 ℃，下一頁的插圖顯示的就是它輻射出的光譜。

　　灰色的是大氣層上方的太陽光譜，黑線是 5250℃ 的黑體輻射，黑色則是經過大氣層吸收後海平面上測量的太陽光譜。

　　我們可以看到，太陽光譜在可見光波段（390～700nm）的強度是最大的。此外，在光譜上有「鋸齒」，這是太陽表面大氣中各種元素（例如氫、氦等）對光譜吸收的結果。

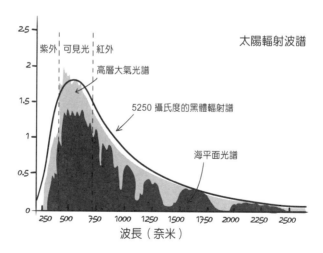

太陽輻射波譜

紫外｜可見光｜紅外

高層大氣光譜

5250 攝氏度的黑體輻射譜

海平面光譜

波長（奈米）

09 火箭在離開大氣層後，朝後面噴射的火焰已經沒有可以反彈的支撐物了，它在真空裡為什麼還能前進？

　　這位提問者擁有這種不會隨著時間消失的好奇心，真是讓人羨慕。這個道理叫動量守恆。比方說，你坐在一個小船上使勁往後面丟一顆沉重的鐵錨。在丟出去的瞬間，你站的小船會開始向前運動。而小船向前運動的原因並不是水在推動小船。

　　同樣，火箭的尾部噴出大量的氣體，並且這些氣體溫度很高，噴出去的速度非常快。它們就像丟出去的鐵錨一樣。這就是火箭前進的原因。

　　火箭轉向的辦法有很多，可以靠尾部發動機噴嘴角度的微調，可以靠從側面噴出氣體反推，可以靠陀螺效應。

10 為什麼說飛船在軌對接不可以在同一軌道？據說是因為軌道相同，速度相同，所以追不上。但是處於後方的飛船為什麼不可以向後點火加速的同時向地球外側方向點火（加大向心力），或者讓前方的飛船減速？

　　道理誰都懂……可是你知道這要多花多少錢嗎？中國石

油在太空中又沒有設加油站。多裝幾噸燃料上去往往代表著要多消耗幾百噸燃料（這個數字不一定精確，總之很多就是了），而這還算小意思，關鍵是裝那幾百噸燃料的額外的一節火箭還是一次性的。而這也還是算小意思，關鍵是多加了一節火箭，原來的比推力什麼的全亂了，好吧，只能重新設計研發整個火箭了。所以這個動作非常非常不符合經濟效益。

而且，這個動作的效果完全可以透過在地面上換個發射時間換個發射方式來搞定。所以……是不是有點蠢？

11　如何計算地球的質量？

質量，是物體所具有的一種物理屬性，是物質的量的量度，體現了物質的慣性大小。地球體積以及位置使得我們無法直接對其質量進行稱量，即使有著「給我一個支點，我能撬起整個地球」的豪言壯語，我們也無法在技術上實現這一偉大而艱巨的任務。在測量地球質量時，我們需要利用間接測量的方法。

這裡計算方法主要分兩種，（1）利用質量與密度、體積的關係，透過平均密度對地球質量進行計算；（2）利用萬有引力定律，透過地球與地球衛星的關係或地球上的物體

所受重力來計算地球質量，其中重要的一步是確定萬有引力常數 G，這就是著名的卡文迪西實驗（Cavendish experiment）。

(1) $M = \rho V$

(2) $G\dfrac{Mm}{r^2} = ma = 4\pi^2 mr\dfrac{1}{T^2}$，$GM = 4\pi^2 mr^3\dfrac{1}{T^2}$，$M = \dfrac{GM}{G}$

(3) $G\dfrac{Mm}{r^2} = mg$，$M = \dfrac{gr^2}{G}$

在公式（1）中，地球體積 V 可由技術測量決定，平均密度可由 Schiehallion 實驗決定；公式（2）中的 r 為衛星運動半徑，T 為其運動週期；（3）中 r 為地球半徑，g 為測量點重力加速度。

在計算地球質量的過程中，我們一般需要考慮地球大氣層的質量，有時甚至還需要考慮隕石、大氣層逃逸、全球變暖等因素的影響。目前地球質量測算的精確值為（5.9722 ± 0.0006）$\times 10^{24}$kg。

12 為什麼地球公轉的軌道是橢圓形而不是圓形？

克卜勒在 1609 年發表了他的第一定律和第二定律，第一定律內容為：行星繞太陽做橢圓運動，太陽位於橢圓的一

個焦點上。雖然克卜勒定律是在大量的觀測資料的基礎上總結出來的，但是數學上可以證明如果地球僅受到來自太陽的力，這個力是連心力（始終指向太陽的重心）且力的大小與它們之間的距離 r 成平方反比關係，即 $F \propto \dfrac{1}{r^2}$，根據能量守恆和角動量守恆我們可以得到連心力作用下質點的軌道方程（以太陽為參考系，質量變成折合質量〔Reduced mass〕）：

$$\frac{h\mathrm{d}\rho}{\rho\sqrt{\dfrac{2E'}{\mathrm{m}'}\rho^2+\dfrac{2mk^2}{\mathrm{m}'}\rho-h^2}}=\mathrm{d}\varphi$$

這個微分方程的通解為 $\rho=\dfrac{p}{1+\varepsilon\cos\left(\varphi+C\right)}$，從這個解我們可以看出在連心力作用下質點軌跡是一條圓錐曲線，且偏心率 $\varepsilon=\sqrt{1+\left(\dfrac{E'2h^2m'}{m^2k^4}\right)}$，當 $E'=-\dfrac{m^2k^4}{2h^2m'}$ 時，而當 E' 小於 0 時，質點軌道為橢圓。很明顯，軌道為圓的條件比橢圓嚴格得多。考慮到其他天體的微擾，大部分情形下，行星公轉軌道更接近橢圓。不過太陽系八大行星軌道與圓都相當接近，地球軌道目前偏心率為 0.0167，事實上這比你能畫出來的圓都要圓。

13 為什麼圍繞太陽公轉的八大行星都在同一平面上？有沒有可能出現相互垂直的軌道？

這個問題可以用星雲假說解釋。

一般的說法是，太陽系形成於一塊星際雲，這塊星際雲本身在形成的過程中就存在與其他星際雲等其他物質的相互作用，儘管看上去可能很混亂，但整體具有一定的角動量。在重力的作用下，星際雲的物質逐漸向中心塌縮，形成一個雲盤，並且這個盤的平面大致垂直於整個星際雲的角動量，來自盤上下的物質經過盤時透過物質的相互作用失去了大部分本來具有的垂直於盤的動量，因此整團星際雲最終傾向於集中在一個吸積盤上。最後太陽就從盤中心的原恆星演化而來，而行星們則基本從這樣的一個原行星盤上演化而來。這不僅能說明為什麼我們太陽系的行星軌道基本在同一平面，也可以解釋為什麼行星們公轉方向和太陽自轉方向都是自西向東。

當然，整個星際雲並不是完全孤立的，來自外部的作用肯定參與了演化過程，但至少就目前的太陽系看來，相對星際雲的內部作用，它似乎並沒有扮演重要角色。另外，太陽系八大行星裡面軌道傾角最大為七度左右，就目前所發現的行星系而言，似乎並沒有兩顆行星軌道相互垂直的情況。

14 宇宙是無限的嗎？奇點大爆炸後形成宇宙，而宇宙
是不斷膨脹的，這是否代表宇宙是有界的？界之外
又是什麼？大爆炸之前又發生了什麼？

我只想說，提問者剛好把兩個關鍵字弄反了。

現在的觀點認為，宇宙是有限而無界的。舉個很簡單的
例子，一個球面，它的面積是有限的，但是這個球表面卻是
無界的。圓和莫比烏斯環都是這樣的例子。

宇宙之外是什麼？很多學者認為宇宙可能不止我們置身
其中的這一個，還有其他的，只是目前無法證實。那麼這些
宇宙之外又是什麼呢？這個問題或許需要些想像力。

大爆炸之前又發生了什麼──對於這一點，現在人們有
很多觀點。美國物理學家愛德華・維騰（Edward Witten）認
為，宇宙是憑「空」產生的，但這個「空」不是一般意義上
的空。

15 既然光速是有限的，那麼我們看到的多少萬光年遠
的星球是不是這個星球多少萬年前的樣子啊？

定性地來說，是的，這就好比寄給異地戀女友的情人節
禮物，她 2 月 14 日收到的禮肯定不是你當天發出去的。拿
你現在的時間減去信使（快遞小哥，或者光子）一路上花的

時間，就是資訊發出的時間。

但精確考慮的話，這個問題就不太好回答了。為什麼呢？上面之所以能夠那樣算，是因為默認我們都生活在一個古典的系統裡，就是說世界各地全用同一個鐘錶，如果「上帝」老頭伸手把這個鐘停了，那麼所有地方將處於同一時間，就如同孫悟空喊了一聲「定」，所有的事物都變成了雕塑，不管你是在喝水打哈欠，還是在嬉戲打鬧，浮雲不再飄動，浪花不再落下，太陽不再燃燒，銀河不再旋轉，那拂面的風也成了定格。

但是相對論說了，其實每個物體都有自己的鐘，是快是慢取決於這個物體的速度以及所處的空間曲率。如果那個星球正好在一個黑洞附近呢？如果那個星球正高速運動呢？即使你知道光子在路上走了一萬零一年，你也只能說 A 星是在地球的 10001 年前發出的，而不能說它是在 A 星的一萬零一年前發出的。發出那個光子後 A 星上的人民到底過了多少年，還要看他們自身所在的系統，他們時鐘的步伐和我們不一定一致。

空間近似平滑，相對速度又不是很大的情況下，還是可以用古典的方法來計算的。火星人民表示異球戀還是很痛苦的，說一句話都要等 10 分鐘。

16　既然宇宙中有無數顆恆星分佈在地球的每個方向上，那麼為什麼黑夜還是黑的？

　　提問者說的是奧伯斯悖論（Olbers' Paradox），也就是所謂的「夜空黑暗之謎」。從理論上講，如果我們的宇宙是靜態的、無限的、永恆的，那麼在任何方向上，我們都至少會看到一顆恆星，恆星發出的光在無限的時間內也總會到達我們的眼睛，那麼夜空就不是黑暗的，而是無限亮的了。所以「靜態」「無限」和「永恆」這三者不可能都對。科學家針對該問題對現有宇宙模型提出了很多見解：有人提出「永恆」不對（宇宙有開端），遙遠星球的光還在路上；有人提出「無限」太荒誕（宇宙有大小），恆星不夠多；也有人提出「靜態」顯然是自我欺騙（宇宙在膨脹），星體的光芒紅移得看不見了。當然，主流學術界相信這三個特點一個都不對，其結論就是我們的大爆炸模型。

　　其實反觀這個悖論，還是存在很多不合理的假設的，比如，恆星一直在發光而不熄滅是不符合能量守恆的（第一類永動機之奧伯斯恆星版）。所以即使宇宙無限而永恆，在存在很多吸光物質的情況下，星光的平均能量密度不足以達到可見的程度（注意這和奧伯斯自己的解釋不同，這裡考慮了恆星的壽命）符合夜空黑暗這個既定事實。（這和找不到的暗物質有沒有什麼關係呢？）當然，我們並沒有回答夜空為

什麼黑暗。因為科學家不確定，所以物理君也不知道。不過，也許哪天提問者能找到問題的答案呢？

17 宇宙中幾乎有無窮多個星體，為什麼地球沒有被它們的重力撕裂？

在重力場很大且變化劇烈的情況下，物體除了改變速度，還有可能因各部分受力不均而被「潮汐力」撕裂。如果不考慮靠近黑洞、中子星等緻密天體而導致重力場劇烈變化，很少有能夠撕裂地球的那種潮汐力。

其實，人類目前無法證明宇宙中的星體無窮多。即使有無窮多星體，我們也可以從另一個角度去看：根據現代宇宙學的基本假設，宇宙初期是近乎各處均勻、各向同性的，在相同的天體演化與結構形成的規律下，大尺度上，地球周圍的星體是均勻分佈的，對地球的總重力也是基本互相抵消的，能夠明顯影響地球運動的是小尺度（如太陽系）上的力。

18 恆星那麼大、那麼遠，人們如何測出它的大小和質量？

首先透過望遠鏡測量視星等（恆星看起來的亮度）與光

譜,其次根據視星等與光譜直接得到恆星溫度,而溫度與質量有非常緊密的關係,因此對不同的恆星我們可以根據相應關係直接利用溫度求出質量。然後,透過三角視差法、哈伯定律(Hubble's law)、標準燭光等方法我們可以測量出恆星與地球之間的距離,進而根據視星等與距離計算恆星光度。最後,對於一般的恆星,根據斯特凡－波茲曼定律(Stefan-Boltzmann law),光度與恆星半徑平方以及溫度的四次方成正比,我們由此可以解出恆星半徑;對於較近且較大的恆星,我們也可以採用邁克生恆星干涉儀(Michelson stellar interferometer)、掩食法等方法直接進行測量。

19 宇宙微波背景輻射是什麼?為什麼人們能看到宇宙初始的樣子?

根據現有的宇宙學模型,宇宙微波背景輻射的來源,要從宇宙最早期天地一片混沌時講起。

大爆炸剛結束不久的時候,宇宙溫度極其高,這樣高的溫度下重子物質還不能與電子複合,電磁波在這團帶電的熾熱的物質中無法自由穿行,經常會與周圍物質發生相互作用。但是宇宙在膨脹,膨脹會降溫,溫度降低後電子與重子物質複合,光子就可以自由穿行了。

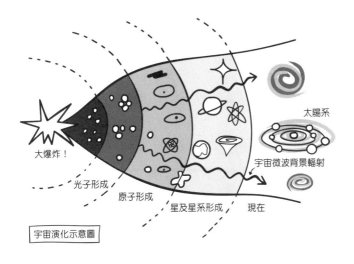

太陽系

大爆炸！

宇宙微波背景輻射

光子形成　原子形成　星及星系形成　現在

宇宙演化示意圖

　　第一批被解放出來的光子彌漫整個宇宙，形成背景輻射，隨著宇宙膨脹，這批最早的光子的波長也隨著空間膨脹而拉長，其頻率降低，現在宇宙背景輻射差不多在微波附近，這就是宇宙微波背景輻射（Cosmic Microwave Background, CMB）。在頻率譜方面 CMB 是完美的黑體輻射，從角分佈上看，CMB 在大尺度上是各向同性的，從哪個角度看都差不多。但是探測技術發達以後，人們發現 CMB 的溫度有很小很小的漲落，並不是哪個角度看上去都差不多，而很多有關宇宙的資訊就包含在這各向異性的分佈中。

　　從 CMB 形成開始，以後各種宇宙演化過程或多或少都會有 CMB 的光子摻和一下，宇宙極早期的一些過程，比如

重子聲學振盪（當重子與電子還沒有複合時宇宙間傳遞的「聲波」，聲波的參數和宇宙早期的物質組分、空間曲率、初原漲落等都有關係），也會在 CMB 留下蛛絲馬跡。因此 CMB 中蘊含豐富的資訊。

20 我們怎樣確定宇宙中天體的位置？我們怎麼知道一個幾億光年遠的天體在哪裡？

　　要確定一個天體的位置，我們需要瞭解它相對於我們的方位和距離。描述方位有很多方法，常見的赤道坐標系假設有一個包圍地球的天球，然後把天體投影到球面上，用類似地球經緯度的概念提供天體在球面上的座標。對於距離的測量，古老的傳統方法是三角視差法，地球在繞太陽公轉時，待測天體在天球上的位置在半年內會有一個角度變化，如果我們知道了地球的公轉半徑，就可以利用簡單的幾何關係測出天體的距離。對於更遙遠的天體，我們可以利用超新星測距。一類 Ia 型超新星的光度是恆定的，可以用作標準燭光，利用觀測到的亮度就可以換算出目標天體和我們的距離，所以它可以作為宇宙中距離的參照物。2011 年諾貝爾物理學獎就頒給了利用超新星測距發現宇宙加速膨脹的三位科學家。當然還有很多其他的測距方法，這裡就不再一一敘述了。

視差角

公轉半徑

六個月後……

21 請問氣態行星真的都是氣體嗎？氣態行星為什麼沒有變成固態呢？有純液態星球嗎？

氣態行星當然並不只有氣體，它只是外表看上去是氣態的；氣態行星的結構一般是，外層為氣態分子，向內壓力升高，分子凝聚成液態，最裡面是固態內核。

例如木星，它外層是一層氫、氦混合氣體，往內大概1000km，逐漸由氣態變成氣液混合態，然後變成液態金屬氫；液態金屬氫再往中心下降大約木星半徑的 78%，裡面有一個固態內核（不過目前內核的存在還屬於模型猜測階段）。所以嚴格意義上來說我們叫它氣態行星並不準確，因為它大部分（無論是質量還是半徑）都是固態和液態的。當

然我們也可以這麼來理解，氣態行星就是表面只有氣體的行星；而固態行星，像地球、火星，就是其表面有固態陸地的行星（事實上，我們知道地球內部是液態的熔漿）。

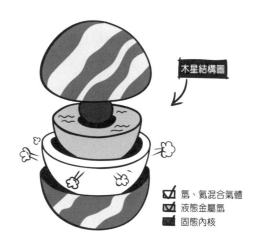

木星結構圖

☑ 氫、氦混合氣體
☑ 液態金屬氫
■ 固態內核

　　其實行星上的物質（從內核到外層）是固態、液態還是氣態，取決於其組成物質、質量、壓力、溫度以及存在的環境等。在真空中，純液態的星球是不可能存在的。只需考慮這一點，液態和真空之間需要存在過渡。要麼重力太小，液態分子漸漸擴散到真空中，揮發乾淨；要麼在重力作用下，物體內部是液體，外層包裹著氣體（就是木星去掉固態內核的那種情況）。一個誤導我們認為純液態行星能夠存在的畫面，我想應該是電影中飛船裡飄浮著的水滴。但我們不應該

忽略它存在的環境——飛船內壓力是一個標準大氣壓。

22 新的星星是怎麼形成的？宇宙不是傾向於透過熵增來演變嗎？

　　新的星星就是指新的恆星吧。星際空間中充滿了星際介質，而且星際介質的分佈很不均勻，就拿銀河系來說，大約一半的星際介質集中在 2% 的星際空間，這些相對緻密的區域稱為星際雲。

　　在星際雲的最緻密的核心區，分子可以存活，這些暗雲被稱為分子雲，新的恆星就起源於此。當分子雲變得足夠緻密，質量足夠大且溫度足夠低（使得壓力足夠低），自重力大於壓力的時候，分子雲就會發生塌縮，因為分子雲密度分佈不均勻，較緻密的區域比其他區域塌縮得更快，就會裂變成很多分子雲核，尺度數光月的分子雲核就是恆星形成的種子。分子雲核中心塌縮比外層塌縮快，中心與外層分離，由裡到外一層接著一層自由落體塌縮，角動量守恆使得下落物質形成吸積盤，吸積盤供養中心正在成長的原恆星。質量為 8% 到 10000% 太陽質量的原恆星再經過一系列演化就會成為主序星（太陽就是一顆主序星）。

　　至於宇宙演化的方向問題，不太嚴謹地說，分子雲在塌縮成原恆星的過程中，本身熵的確是減少了，但它還會不斷

地向外輻射能量，外部的熵增加了。更嚴謹地說，自重力
（self-gravitation）系統可以推出其無法達到平衡態（整個宇
宙就是一個自重力系統），故熱力學不適用，也就談不上熵
增原理。

23 重力彈弓如何實現加速？從能量守恆考慮，它的能量應該不變，有氣體阻力時還會減小，那速度為什麼會增大？

　　考慮能量守恆時，我們要考慮的不僅僅是我們要發射的
「子彈」——假設這就是飛行器吧——還要考慮與其發生相
互作用的「彈弓」。假設「彈弓」是一顆行星，這個兩系統
遵循能量和動量守恆。

我們從簡單的推導可以得出結論，二者的相對運動速度不會發生變化，假設行星速度為 U，飛行器速度為 V，二者初始相向運動，那麼相對運動速度為 $U+V$；待飛行器繞過行星，二者的運動方向同向，而行星的運動速度基本不變（其實略有減小，但可以忽略不計），那麼飛行器的實際運動速度就變為 $2U+V$，如此便實現了加速。

當然，這只是一個簡化的推導，不過我們所說的正是《絕地救援》（*The Martian*）中 NASA 的太空動力學家所提出的救援方案。實際上重力彈弓效應的確被用來為太空飛行器加速，美國於 1977 年發射的「旅行者 1 號」探測器在經過木星和土星時便是透過重力效應加速的，2014 年 9 月 13 日它終於飛出太陽系，成為首個衝出太陽系的人類製造的飛行器！

24　為什麼地球等天體是圓的？

假設現在有個星球是正方體。

接著喜聞樂見的 bug 出現了──

如果說正方體的體心到面心的距離是 R 的話，那麼正方體的體心到頂點的距離就是 $R^{1/3}$。也就是說頂點離星球的中心更遠，重力位能要大於面心的重力位能。要知道，整個宇

宙都是些懶傢伙，能在低能量的狀態待著就絕不願意在高能量的狀態待著。

正方體星同學想想覺得耍個性的代價有點高，於是伸個懶腰開始把頂點附近的物質慢慢往面心附近捏。頂點慢慢往裡面凹，面心慢慢往外凸。

什麼？沒有手怎麼捏？

好問題。我們知道萬有引力定律，說的是行星上每一塊石頭、每一塊泥巴都對你有一個重力。而所有石頭、泥巴的重力的向量和就是行星對你的重力。

對一個正方體的表面來說，重力的方向並不是處處垂直向下的。比如，你站在面心靠左一點的位置，你的右邊就會比左邊有更多的石頭、泥巴。這樣加起來的重力就會有一個分量把你往面心那邊推。

所以，重力就是捏泥巴的手。什麼？行星上全是固體物質，固體形狀不能隨便改變？要知道，固體形狀不能隨便改變這點小脾氣，遇到質量足夠大的行星時就是個戰五渣[2]了，重力作用高興怎麼捏就怎麼捏。

而正方體君會一直捏一直捏，一直到不能再繼續減小重力位能了為止。（重力位能差不足以彌補捏的過程中帶來的能量損失。重力沒有很快捏平一座山，因為現在的山都太矮

2　編註：戰鬥力只有五的渣渣，出自漫畫《七龍珠》，意旨戰鬥力很低。

了，不划算，重力不屑於捏。）

於是當正方體君心滿意足地停止捏泥巴後，它發現自己變成了一個球。

（說明：本題答案原載於知乎，作者 sym physicheng 就是物理君本人，因此不構成侵權。）

25 為什麼行星的光環總是在行星赤道上空？

行星環一般被認為是行星的衛星進入行星的洛希極限（Roche limit）內被行星的潮汐力撕裂而形成的，也有可能是其本身就在行星的洛希極限內，因為行星的潮汐力而無法形成衛星。不論是哪種情況，行星環形成的關鍵都是行星的潮汐力。行星的赤道平面上潮汐力最大，在行星潮汐力的牽引下，構成行星環的物質就會繞著行星赤道所在平面運動。

26 宇宙中目前已知的最高的溫度是多少？在什麼條件下產生？

不算宇宙大爆炸，宇宙中目前已知的最高溫度在地球上，而且是人造的，它的值是 5.5 萬億℃，製造方法是在歐洲核子中心的大型強子對撞機中把鉛離子加速到近光速後再

對撞。這個溫度下即使質子和中子也會「融化」，變為一種叫作夸克－膠子等離子體的物態。

27 黑洞有溫度嗎

這個問題大家不太熟悉，但是與它等價的另外一個問題，大家一定能栩栩如生地描述它，那就是黑洞的輻射問題。

這裡還要再說一遍黑洞輻射的問題：英國物理學家霍金（Stephen Hawking）發現黑洞的能量可以注入虛光子，使得這一對夥伴遠遠地分開，其中一個光子墜入黑洞，而另外一個光子失去湮滅的夥伴。留下來的光子將從重力中獲得飛離黑洞的能量和動力，在它的夥伴墜入黑洞時，它將飛出黑洞，這一過程在黑洞視界周圍反覆發生，從而形成了不間斷的輻射流——這是考慮量子效應的結果——遠處的觀察者能觀測到與輻射對應的溫度，該溫度由黑洞視界處的重力場強度決定。

這個問題的起源即是「黑洞熵」。根據廣義相對論，黑洞內部應該是高度有序的狀態，這顯然違背了熵增原理。霍金在研究中發現，如果能為黑洞賦予一定的非零的溫度，就能很好地解決這個問題。借助相對論和量子力學有限結合的

部分，冗長的計算得到的最終答案是：黑洞有熵，也有溫度。以三個太陽質量的黑洞為例，其熵約為 1 後加 78 個 0，其溫度約為 10^{-8} K。

28 為什麼黑洞會蒸發呢？

因為根據量子場論，真空可以憑空產生正粒子－反粒子對。正常情況下產生的正反粒子對過一段時間後又會互相撞到一起憑空消失，即湮滅。

但如果正反粒子對剛好產生在黑洞的邊界上，那就有可能一個粒子掉進黑洞中，另一個粒子在黑洞外面。進入黑洞的東西永遠不可能再出來，於是沒有掉進黑洞的那個粒子就無法湮滅了，只能繼續在空間中流浪。

這個過程的結果就好像宇宙中憑空多出來了一個粒子。事實正是如此，不過付出的代價是黑洞的等效質量（equivalent mass）少了一個粒子，相當於黑洞向外界蒸發了一個粒子。這就是霍金提出來的黑洞蒸發。

29 大恆星死亡後會形成黑洞，那麼黑洞會不會死亡並形成其他天體？

會透過霍金輻射輻射出粒子並逐漸消失蒸發掉，不過速度非常慢，質量越大輻射得越慢。一個太陽質量的黑洞輻射等效的溫度只相當於 60 個 nK，也就是僅僅比絕對零度高了 6×10^{-8}K。而一個和月球同質量的黑洞輻射等效的溫度差不多有 2.7K。這有多小呢？它代表著，像太陽質量那麼大的黑洞要徹底蒸發消失，需要耗費 10^{67} 年，而宇宙的年齡大約才 10^{10} 年。

30 宇宙的年齡是 130 億年。從宇宙誕生算起，光難道不能走 130 億年嗎？為什麼我們能觀測到的宇宙有 970 億光年？

宇宙的年齡大約是 130 億光年，這個時間是透過各種方法綜合得出的，其中一種就是先尋找宇宙中最古老的白矮星，再考慮形成白矮星之前恆星的演化，以及恆星演化和宇宙誕生在時間上的關聯，綜合這些因素推算出宇宙的年齡是 130 億〜170 億光年。

而所謂的可觀測宇宙是 970 億光年，指的是我們最遠能看見來自 970 億光年遠的地方發出的光子。宇宙是在不斷膨

脹的，根據哈伯定律，距離我們越遠的東西膨脹的速度越快，且空間的膨脹速度是能超過光速的。（因為此過程並不攜帶質量和資訊，所以不違反相對論。）這就使得光子在到達地球時，其光源的距離比它發出該光子時離我們的距離要遠，所以我們能觀測的最遠距離比光速乘以宇宙的年齡要遠。

31 什麼是宇宙學紅移？什麼是重力紅移？什麼是都卜勒紅移？

都卜勒紅移是指，如果一個發光源一邊發著光一邊以一定速度遠離你，那麼你看到該發光源發出的光的頻率就會變小（程度取決於這個速度有多接近光速）。

重力紅移是指，一個光源從一個有很大重力的天體往外發射光線，這個光線的頻率會變小，變小的幅度取決於重力的強弱。光線的頻率變小代表著光線的能量變小，能量變小的原因可以認為是一部分能量拿去克服重力了。（這個說法並不嚴謹，因為在強重力場下定義重力位能並不是一件很簡單的事。）

宇宙學紅移是指，宇宙在膨脹，離我們越遠的天體就以越快的速度遠離我們，所以我們看到的它們發出的光的頻率變小了。

32 在暗能量主導的宇宙中，宇宙會以近似指數加速膨脹。既然宇宙中任意兩點間的距離都在不斷增大，那為什麼星系或者更小的結構不會被撕碎呢？

先科普一下弗里德曼方程（Friedmann equations）。這是一個描述宇宙幾何結構的方程。宇宙的任何一點都在以一定速度遠離彼此，就像一個正在吹大的氣球的面一樣。不過，我們的宇宙是一個四維氣球的三維面（如果不考慮時間的話）。要注意區分束縛態和非束縛態哦。空間中的物質並沒有被某個釘子釘在某一點，它們可以在空間中自由移動，當然，這依然要服從物理定律。對於束縛態的系統（比如單個星系），它自身並不會隨著空間的變大而變大。如果還是覺得含糊，你就想像氣球上放兩個吸在一起的小磁鐵，吹大氣球它們也並不會分開。空間膨脹效應要透過互相自由的系統才能觀察（比如相距遙遠的兩個星系）。

33 太空中的反物質是否能被觀測到呢？如果可以，應該怎樣觀測？

我們知道，我們眼前所見的桌子、椅子、手機、電腦都是由原子組成，而原子是由質子、中子和電子構成，這些我們稱為正物質。當然這麼定義只是為了和反物質區別。而所

謂反物質，即除了質量外，其他所有性質都和正物質相反的物質。

比如，電子質量是 9.1×10^{-31} kg，電荷為 $-e$；它的反物質正電子的質量也是 9.1×10^{-31} kg，但電荷卻是 $+e$。質子、中子或者夸克等也都一樣，我們還可以用反質子、反中子等合成反原子。

反物質和正物質（例如電子和正電子）一旦相遇就會湮滅，變成高能光子或者其他正反物質對。那這就有一個問題，茫茫宇宙中幾乎全是正物質，反物質豈不很快就被湮滅了？是的。按照現有的說法，宇宙早期 CP 被破壞，導致正物質比反物質稍微多那麼一點兒。結果就是，反物質湮滅了，正物質還剩了一點兒，構成了我們現在的手、腳和大地。

那麼太空中是否還有反物質呢？有的。雖然宇宙早期的反物質湮滅了，但太空中的那些高能粒子相互碰撞的過程還是會產生反物質的。太空中的物質太稀薄了，反物質在與正物質碰頭湮滅之前還能跑很遠的距離，或者說能「活」好長時間。有多少反物質呢？不多，反質子只是質子的 1/10000（GeV 量級）。

介紹了這麼多背景知識，現在來回答問題。反物質能不能觀測？如果能，怎麼觀測？當然能，要不我們怎麼知道它存在呢？最早的反物質（正電子）是透過威爾遜雲室觀測到

的。方法其實很簡單，加個磁場，一個粒子過去後，雲室中的氣體會被游離，描出一條軌跡。測一下軌跡半徑，用筆算算，人們發現這個粒子質量、電荷和電子完全一樣，只是它往左偏了，而電子是應該往右的。於是我們發現了正電子。

現在太空中有很多探測器，例如丁肇中[3]主持研究的阿爾法磁譜儀（Alpha Magnetic Spectrometer），中國的猴哥「悟空號」，以及費米實驗室等，其原理都差不多，只不過不再用雲室，改成矽板了。

34 宇宙膨脹，距離越遠的星系退行速度越快，請問這個退行速度可以超過光速嗎（儘管空間膨脹和相對運動不是一回事）？

這是可以的。而且由於超光速無法傳遞資訊，所以那些星系我們再也看不到了。我們能夠觀測到的宇宙是有一個範圍的。

3　編註：美籍華裔物理學家，中央研究院、美國科學院院士，現任美國麻省理工學院教授，1976 年諾貝爾物理學獎得主。

35 把一個速度非常接近光速的粒子射向黑洞，那麼這個粒子的速度是否有可能超過光速？在狹義相對論中，具有靜止質量的粒子無法被加速到光速是因為質量會增大，但是如果把一個速度非常接近光速的粒子射向黑洞，因為重力質量和慣性質量是一致的，這粒子仍然有很大的加速度，所以它有可能超過光速！請問這個想法哪裡出現問題了，有沒有關於這個問題的文獻？

物理君必須說，這個問題提得非常好！這也許是我們目前收到的問題中最好的一個。物理君要表揚提問者這種充滿想像（但又沒有無視科學原理）的思辨。

這個問題在狹義相對論中是無法解決的。你必須到廣義相對論裡面去，考慮黑洞的重力場對時空的彎曲。事實上，如果你站在一個遠離黑洞重力重力場的靜止參考系中看另一個人以近光速掉進黑洞。他越接近黑洞，視界相對你的時間流速就越慢，所以你事實上看不到他超光速。相反，你會看到他越來越慢地掉入黑洞，甚至在視界上完全靜止下來。也就是說，由於重力效應，在你的參考系中，他要花無窮長的時間才能掉進黑洞。

而在他自己的參考系中，黑洞相對他近光速運動，他會在有限時間內掉入黑洞。而且他看到的黑洞也並不會超光速

運動。你要記住，速度是向量，現在是彎曲空間，比較彎曲空間中不同點的向量要格外小心，不能直接照搬平直空間中的結論。

36 中子是電中性的，但是中子星的磁場是哪裡來的呢？

中子雖然是電中性的，但是實驗發現中子內部是有非中性的電結構的，概括來說中子主要由三個帶電的夸克構成，夸克在中子中不斷「運動」進而產生磁場。因此，中子帶有非零的磁矩（約為 -9.66×10^{-27} J/T）。中性的原子甚至宏觀物體（比如磁鐵）的磁性也源於其中的電結構。

雖然說中子本身具有磁矩，但是對脈衝星（中子星的一種）的觀測發現，脈衝星的磁場之強遠非僅靠中子磁矩能夠達到。這其中必然有其他的磁化機制存在。（目前人類觀察到的中子星表面磁感應強度甚至可達千億 T，而實驗室中 2018 年的最新紀錄也僅僅是 1200T 的脈衝磁場。）中子星雖然名為中子星，但是中子星裡面還是存在一些電子和質子（占十幾分之一的質量），並且其中的電子是相對論性的高度簡併電子，在費米面附近的能態密度遠遠大於非相對論性電子。這些電子才是中子星強大磁場的主要來源（至少現在的理論是這麼認為的）。中子星的強磁場主要源於在前體恆

星磁場誘導下相對論性強簡併電子氣的包立順磁磁化。

　　綜上所述，中子雖然是電中性的，但是中子仍然擁有磁性；雖然中子擁有磁性，但是中子磁矩並不是中子星磁場的最主要來源。

　　參考文獻：https://www.smithsonianmag.com/smart-news/strongest-indoor-magnetic-field-blows-doors-tokyo-lab-180970436/。

— Part5 —
量子篇

01 網上說薛丁格的貓既死了又活著，那麼薛丁格的貓的意義到底是什麼？

微觀粒子具有波粒二象性，在量子力學中用一個波函數來描述。而波函數具有一個重要的性質：它可以展開成若干個本征狀態的疊加，這叫作態疊加原理（superposition principle），就好比一個粒子可以既是自旋向下的狀態又是自旋向上的狀態。這是一種很難直觀想像但是卻被無數實驗證實了的微觀世界的特徵。在薛丁格的貓的實驗中，某個粒子處於衰變與不衰變的疊加態，而實驗儀器規定一旦粒子衰變則釋放毒氣將貓毒死。所以既然粒子可以處於衰變與不衰變的疊加態，與粒子衰變綁定在一起的貓的性命是不是也就處於生和死的疊加態了呢？

必須澄清，用現代的觀點來看，薛丁格的貓是一個比喻性大於嚴肅性的思想物件。態疊加原理雖然也可以直接運用到宏觀物體上，但我們通常不這樣做。不這樣做的原因是量子疊加，量子糾纏這些現象其實非常脆弱，需要非常小心地保護。宏觀物體時時刻刻與環境進行無法避免的相互作用，這些相互作用會很快破壞掉脆弱的量子態。一個宏觀物體哪怕一開始處於量子疊加態，它的量子疊加態也會迅速因環境相互作用的擾動塌縮掉。這個時間尺度是極快的，快到人根本無法察覺。這個過程叫作宏觀物體與環境作用的熱退相干。也正因如此，量子力學雖然一直是對的，但你在現實生活中從來就不會看到一隻貓處於死活疊加態。

這是一個初期提出來時非常生動且非常有啟發性的物理學比喻，但由於過於生動，後來反而誤導了不少非專業人士。為薛丁格老師擦把汗。

02 什麼是量子糾纏？

要理解量子糾纏態，首先你要理解什麼叫量子疊加態。在古典物理裡，事物都有確定的狀態。一個物體在 A 點，那麼這個物體就不會同時處於 B 點。但在量子力學裡，物體可以同時處在 A 和 B 兩個不同的點。這種狀態就叫作量子疊加

態。此時，我如果對這個物體的位置進行精確測量，那麼這個物體會隨機出現在 A 和 B 中的一個點。這個過程叫塌縮，對應外界測量（擾動）改變疊加態機率幅的分佈。

至於量子糾纏，以兩個物體為例，比如兩個電子，如果我們說這兩個電子處於量子糾纏態，那就代表當我們對其中的一個電子進行測量（擾動），改變了這一個電子的量子態時，另一個電子的量子態也立即發生變化，儘管我們並沒有對另一個電子進行測量，而且這兩個電子可能相距非常遠。

需要特別提一下的是，量子糾纏是暫態傳遞的，沒有光速的限制，但由於量子糾纏無法傳遞資訊，所以量子糾纏並不違反相對論。

03 處於量子糾纏態的粒子可以在瞬間傳遞自旋資訊，那麼它們能不能傳遞能量？

量子糾纏態是不能傳遞資訊的，更不必說能量了。糾纏態能夠暫態改變的是波函數的狀態。這是兩個概念。

比如，有兩個處於糾纏態的粒子，一個在地球上，一個在天狼星上，兩個粒子都可能自旋向上或者自旋向下，但出於某些原因，兩個粒子的總自旋一定為 0。如果我們透過測量發現地球上的那個粒子有向上的自旋，那麼有些說法會說，這時候天狼星上的那個粒子的波函數瞬間從既可以向上

又可以向下的狀態變成了只能向下的狀態。

這個過程叫作波函數的塌縮。

但是請千萬注意，波函數本身並不能被直接測量（能被直接測量的是它的模平方），所以它並不直接對應一個物理實在。因此，它的塌縮並不是那種真有什麼可觀測物體「轟的一聲垮掉」的過程。說得準確一點就是，這不會產生任何可觀測的效應。不能產生可觀測效應，這自然就不能傳遞資訊，於是也不違背相對論的限制（資訊傳播速度不能超過光速）。

我們可以再說清楚一些。資訊到底是什麼？資訊就是一種能夠把一個大集合映射到一個小集合的有用的「知識」。比如，「物理所在保福寺橋」這句話就是資訊，因為它把物理所從宇宙任何地方映射到了保福寺橋。再比如，「比賽贏了」也是資訊，因為「輸／贏」映射到了「贏」。

我們來看一下糾纏態為什麼不能傳遞資訊。比如，我坐在天狼星裡，想知道奧運會中國贏了沒，我心想，這隔著幾光年呢，只能用量子糾纏看轉播了。我跟地球那邊已經約定好，我測到自旋向上就表示贏了，自旋向下就表示輸了。既然波函數是暫態塌縮的，我測一下我的自旋不就立刻知道輸贏了嗎？但問題是，地球那邊並不能調控自旋是向上還是向下。地球那邊測到什麼自旋是完全隨機的，而且這個隨機性是量子力學自帶的，沒有任何辦法消除掉。所以，雖然有約

在先，但地球那邊並不能操縱自旋的觀測結果，所以我在天狼星上測到的自旋朝向並不能縮小「輸／贏」這個集合，沒有任何資訊，只能乖乖地等八九年後光線傳過來了。

（最後再說一點，雖然波函數不對應真實物理，但糾纏效應是客觀存在的。這個有貝爾不等式〔Bell inequality〕做證明。）

04 量子計算的原理有沒有通俗的解釋？

哈哈，這個問題透著高冷啊。那麼小的就來嘗試著給您

通俗地解釋一下吧。

傳統電腦的基本單位是二進位的位元 0 和 1。實際系統中用高電位表示 1，用低電位表示 0，我們把這些高低電位反復通入及閘、或閘、反閘這樣的邏輯電路中，讓初始的 01011110……在邏輯電路中不停地演化，這樣我們就完成了一次古典計算。

在古典系統中我們用電位的高低來表示 0 和 1，那麼系統要麼處於 1，要麼處於 0。量子系統就不同了，在量子系統中我們用量子態來表示 0 和 1，而量子態是可以疊加的。比如我們用態 | a>表示 0，態 | b>表示 1，那麼態 | a>+| b>就表示既 0 又 1。這樣有什麼好處呢？好處太大了！比如給你兩個既 0 又 1 的量子位元，把它倆的態再量子糾纏在一起，那麼它們就有 00、01、10、11 四種可能的狀態。你把這樣的量子位元通入邏輯電路中，相當於同時做了 00、01、10、11 四組古典位元的計算。如果你把三個量子位元糾纏在一起，那就相當於同時做了 8 組古典位元的計算。如果糾纏四個量子位元，那就相當於 16 組。量子態是可以疊加的，所以一次量子計算就能夠對應很多次古典計算，原則上可以實現指數級的運算加速，但把很多量子位元糾纏在一起極端困難，所以目前技術上還有很多障礙。

05 什麼是量子位元？什麼是量子干涉？為什麼會有量子干涉？

我們首先考慮經典的硬幣問題，將正面的面積定義為 1，反面的面積定義為 −1，硬幣正面法線方向和觀測方向的夾角定義為 θ。不難發現，這個硬幣面積沿任意方向觀測到的面積投影為 $\cos\theta$。但是量子世界的硬幣並不是這樣的，在任何方向觀測到的面積投影不是 1 就是 −1，只存在這兩個值，沒有介於 −1 和 1 之間的值。然而，對多個同樣的硬幣進行觀測時，平均值將趨於 $\cos\theta$。這樣的「量子硬幣」就是量子位元。有人問，這怎麼可能呢？可是這才是量子世界啊。

量子干涉也並非量子世界特有的現象，干涉是所有波都具有的性質。只不過量子干涉的波不是可以直接看到和觸摸到的，而是機率波，數學上用波函數表示，其模的平方表示找到粒子的機率。當我們計算兩列機率波疊加找到粒子的機率時，要先將波函數加起來再平方，而不是直接計算機率（平方）的和。這樣得到的多餘的項是干涉效應的直接數學解釋。

我們沒有回答為什麼量子位元是這樣的，也沒有回答量子干涉的根本原因。但是科學家清楚如何精確地運用數學描述這一反常於直覺的現象。不過應當說，隨機、糾纏、非定

域等這些奇奇怪怪的特性正是量子世界的本質特點，與我們描述它的工具無關。

06 電子為何能從一個能階軌道躍遷到另一個而不經過兩者之間的區域？

　　首先，電子的躍遷是典型的量子力學效應。而一旦涉及量子力學，我們就需要拋棄很多古典的概念，包括古典粒子與古典軌道的概念。根據海森堡測不準原理，一個粒子不可能同時具有確切的動量和座標，即沒有軌道的概念。造成這種情況的原因，我們大概可以認為是微觀粒子的波粒二象性，即微觀粒子並不像宏觀的粒子那樣看得見摸得著，它同時也是一種物質波，所以古典的軌道概念並不適用於微觀物理（當然宏觀粒子也有波粒二象性，但是其波動性太弱，完全不用考慮）。所以，在量子力學中不同的能階並不代表不同的「軌道」，而是代表粒子具有不同的能量以及相應的波函數（波函數描述粒子在某點出現的機率密度，因此原子周圍的電子會呈現出電子雲）。電子的能階躍遷是指電子從一個能量本征態跳到另一個能量本征態，而並不需要從一個「軌道」跳到另一個「軌道」，只是躍遷後的電子雲形狀會有所改變。

07 讓夸克帶上顏色有什麼意義？為什麼引入色荷這個概念？色中性又代表了什麼？

這純粹就是物理學家的心血來潮。首先，夸克這樣的微觀粒子是沒有顏色的概念的。這麼設定可能是因為恰好有三原色，三原色合在一起恰好又是白色吧。所以想像力豐富的物理學家們就借用了顏色，來表示夸克有三種色荷，三種色荷的三個夸克束縛在一起形成色禁閉（Color confinement），組成色中性的質子、中子等。

（物理君感覺自己講了個冷笑話。）

08 量子通訊「絕對保密」應該怎麼理解？

量子通訊中有一個很基本的定理叫作量子不可複製定理。它的意思是一個量子態不可能複製成一模一樣的另一個量子態而不對原來的量子態產生影響。

竊聽恰好就是一個複製過程：接收原始資訊——竊聽資訊——將竊聽到的資訊複製再繼續發送。

在古典物理的情況下，資訊的發送者和接收者無法察覺資訊在傳輸的過程中有沒有經歷過竊聽，所以存在著洩密的風險。

　　而在量子通訊中，由於量子不可複製，一個資訊在傳輸途中遭到竊聽，原來的量子態一定會發生改變，所以竊聽者無法複製出一模一樣的原始資訊發送給接收者。這樣接收者和發送者一核對馬上就能發現資訊遭到竊聽的痕跡：發出端的量子態和接受端的量子態不一樣。於是他們就可以及時地更換密文或者更換傳輸通路，實現通訊的「絕對保密」。

09 能不能用通俗的語言描述量子力學和相對論的矛盾點？

　　量子力學已經可以和狹義相對論相處得很好了，這裡的矛盾主要指的是量子力學與廣義相對論的矛盾，也就是重力理論與量子理論的矛盾。

技術上，把重力強行量子化的時候會有不可重整化的困難，很多物理量會變得無窮大……

觀念上，量子理論中重力是相互作用，靠玻色子傳播，廣義相對論中重力是時空彎曲。

廣義相對論中時間和空間具有等價性，可透過勞倫茲變換相互轉化。量子理論中時間是參數，空間是算符，時間和空間的數學結構都不一樣。

10 量子是如何過渡到古典的？

這個問題可以由不同的角度去理解。

第一個角度是動力學方程的角度，量子的算符運動方程滿足海森堡方程，進一步取平均值之後，我們可以得到平均值的動力學方程，這個古典的動力學方程是對應的，這就是所謂的艾倫費斯特定理（Ehrenfest's theorem）。

第二個角度關乎古典的運動軌跡，我們知道量子力學中，座標動量是不對易的，$[x , p] = ih/2\pi$，所以我們看到，在 h 趨於 0 的時候，座標和動量就變得對易了，所以我們可以同時確定粒子的座標和動量。也就是古典的運動軌跡。

如果從路徑積分的角度去理解，在 h 趨於 0 的時候，在最穩相近似下，所有的非古典軌跡都會相消，最後只留下古

典的作用量所決定的軌跡。

　　最後補充一點，其實大家普遍相信在 h 趨於 0 的時候，量子會過渡到古典，但是這對應的具體情況，我們並沒有完全理解，比如，我們不知道在量子混沌中，h 趨於 0 是如何過渡到古典混沌的。

11 在測量一個粒子的狀態之前，科學家如何知道這個粒子的狀態不確定？

　　這涉及量子力學的基本原理，也關係到對「測量」這個概念的理解。其實無論是古典測量還是量子測量，在測量以前，如果我們對被測物件缺乏必要的資訊，我們是無法知道該物件的狀態的（包括一個物理量是否是一個確定值），只不過我們認為古典情況下，被測物件的所有物理量在測量前後都是不變的。

　　然而，進行量子測量的時候，粒子塌縮為所測物理量的本徵態，之前的態在測量的瞬間被改變。這個時候我們才知道哪些物理量是確定的，哪些是不確定的。所以可以這樣講，因為我們知道哪些物理量是確定的，所以我們才知道哪些物理量是不確定的，又是怎麼不確定的（量子特性使得一個物理量是確定的，另外一個未必是確定的，比如位置和動量）。我們可以事先製備好一些相同的態進行測量（這樣的

測量仍然有意義，因為我們可能無法直接獲知測得某個值的機率）。而製備的過程，本質上也是測量的過程，也就是說，測量一個物理量，使系統塌縮為一個該物理量的本徵態。

12 愛因斯坦與波耳關於「上帝擲不擲骰子」問題的爭論，最後貌似是波耳的量子論更勝一籌，但為什麼人們只知道愛因斯坦而不知道波耳呢？

　　我相信，愛因斯坦比波耳更著名的原因有很多。第一點，愛因斯坦的學術成就的確比波耳高。20 世紀有兩大物理學革命：波耳帶著海森堡、薛丁格、包立和愛因斯坦、德布羅意（Louis de Broglie）、狄拉克（Paul Dirac）、普朗克這一堆人一起（初步）完成了量子力學革命。另一邊，愛因斯坦一個人完成了相對論革命。你說這讓人怎麼受得了。

　　第二點，對大眾來說，相對論本身比量子力學更好理解，更容易接受，結論也更顛覆常人的世界觀。

　　相對論：「空間彎曲，時間變慢，星際旅行，質能轉換。」

　　（大眾：「雖然不明白是什麼，但感覺好厲害！」）

　　量子力學：「貓同時既是死的又是活的。」

　　（大眾：「你是不是傻？」）

第三點，「二戰」末的某個軍事行動和「二戰」之後的冷戰對峙以及 1960 年代核子物理的高速發展，使得原子彈幾乎成為當時的一種流行文化（你們知道比基尼最早是一個核爆試驗場的名字嗎？），$E = mc^2$ 成為一個家喻戶曉的物理公式，而締造這個公式的愛因斯坦幾乎成為大眾心目中智慧的化身。再加上他老人家那極具辨識度的髮型，儼然是一時的「時尚教父」。

最後說一點，愛因斯坦反駁波耳時提出了一個 EPR 實驗。後來證明愛因斯坦在 EPR 上的主張是錯的，但 EPR 本身又成為了一個學科（量子通訊量子資訊）的源頭。也就是說，學霸的錯誤都是對我們人類的巨大貢獻。你說這讓人怎麼受得了？

13 相對論和量子力學在現代社會的應用有哪些？

　　相對論的日常應用是 GPS 定位。GPS 定位的原理是不同位置的 GPS 衛星收到相同信號的時間不同，利用時間差和簡單的幾何可以定位信號源的位置。但根據廣義相對論，軌道空間中飛行的 GPS 衛星和地球表面的時間運行速度並不一樣快，所以 GPS 衛星定位技術必須考慮相對論效應。

　　量子力學的應用太多了，它應用於所有的晶片！你能想像現代社會沒有晶片嗎？

14 量子通訊是基於量子糾纏的，是不是保護好這對量子就可以杜絕干擾和破解了？

　　的確，很多量子通訊協定需要用到量子糾纏的性質，所謂的量子糾纏就是兩個粒子間的非局域關聯。

　　量子通訊的安全性是由量子力學的基本原理所保證的，是絕對的安全，與用於通訊的糾纏對是否有被很好地「保護」基本沒有什麼關係。

　　根據量子力學原理，我們知道一旦對一個量子態進行測量，該量子態就會塌縮，即該量子態會被破壞。也就是說，

當我們的量子通訊通道被竊聽時，該通訊通道的原始資訊就會被破壞，所以我們一旦發現通道中的資訊被破壞了，我們也就知道通道被竊聽了（例如，我們在通訊時可以在通訊資訊中插入一些測試信號來測試通道是否安全）。

另外，絕對地杜絕糾纏對被干擾是不可能的，因為我們用於通訊的粒子必須處於一個環境，無法做到完全將其孤立起來，而一旦有了環境，該粒子就會與環境相互作用，從而使其量子態退相干（Quantum decoherence），因此我們必須在量子態退相干前對其進行操作。現代的實驗手段可以透過各種技術來延長通訊粒子量子態的退相干時間，但無法做到完全沒有退相干。

15 量子通訊技術可以像現在的電磁通訊一樣實用化嗎？一般大眾能不能使用量子通訊技術的手機？如果能，可以預見哪些新奇的功能呢？

量子通訊主要的優點是，因為量子不可複製，所以量子通訊可以在理論上杜絕資訊被竊聽的可能性。

如果這裡有什麼民用新奇功能的話，那就是絕對的隱私安全，以及貴得非常感人的流量包。哈哈！

16 量子電腦將如何改變世界？

　　未來，高性能的通用量子電腦（現在的量子電腦為專用機）將最先出現在科研人員的手中。當量子電腦出現的時候，就是現有加密系統失效的時候。除此之外，由於對微觀狀態有著非常好的類比，無機化學，甚至整個化學，逐漸併入到物理學中。量子電腦超強的性能，會讓那些與資訊處理密切相關的學科，如生物資訊學，獲得較大發展。當然，如果這個時候可控核融合還沒有完全實現的話，相信量子電腦也會對此產生不小的推動。

　　在商用的量子電腦出現並普及後，商人們能及時知道價格的波動。他們希望收集足夠的資料來分析對手的行為，同時盡可能地隱藏自己的行為。這樣的世界容易產生機器依賴主義，但同時產生的還會有反機器依賴主義。

　　在個人量子電腦出現並普及後，人們將享受更為便捷的生活。比如你才輸入一個字，你的機器就會預測出你最想查找的東西，這個預測大部分情況下會是準確的。各式各樣的電器則透過網路與一台伺服器連接在一起，使用伺服器進行計算。

　　當人類與量子電腦的往來日漸加深後，有關量子電腦的思想將進一步滲透進工程計算領域。一些新的基於量子電腦

的演算法會逐漸被開發出來，物理將成為程式猿們的一門課程。

借助量子計算對人類腦部行為的分析和類比，大腦最底層的規律（雖然這些底層規律與表像還未聯繫到一起）也許會被人發現，不少人嘗試做出腦機介面。基於對蛋白質功能的深入瞭解，人們甚至做出了可植入的電腦。從此，人類的思維能力不斷提升，可植入電腦最終被寫入基因當中。

（PS：以上內容是想像出來的，希望大家和我們一起大開腦洞！）

17 什麼叫費米面的嵌套（nesting），研究它的目的是什麼？

用一句話回答的話，就是費米面嵌套指的是兩套費米面的全部或部分區域可以透過在倒空間(reciprocal space)移動一個波向量(wave vector)而重疊在一起，其目的是解釋一些系統中的相變，包括鐵磁、反鐵磁、鐵電、電荷密度波等。

這一概念是從人們試圖理解巡游電子系統中的磁性時開始有的。在很多情況下，一個材料的磁性是可以透過晶格格點上一個個局域的磁矩的行為來理解的。比如，順磁對應磁矩隨機排列，且在時間上指向隨機變化，鐵磁對應磁矩沿同一方向排列，而反鐵磁則對應相鄰磁矩反向排列。但是人們

逐漸發現，在很多磁性材料中，電的行為是「金屬的」，也就是說電子一定不是局域的。那麼顯然，電子攜帶的磁矩也不會是局域的，人們自然沒辦法從局域磁矩的角度解釋為什麼這些材料還會存在著磁性。

在這些系統中，我們可以清楚地觀察到費米面的存在，如果我們把磁有序在倒空間的波向量放在其中一套費米面的某一點，就會發現該波向量連接到費米面的另一點。也就是說，如果我們按著磁有序的波向量大小和方向把其中一套費米面移動的話，就可以和另一套費米面全部或部分地重疊在一起，我們稱之為「嵌套」。

我們知道，倒空間是對實空間做傅立葉變化得到的，那麼這種倒空間的關聯一定代表著實空間存在某種週期性的相互作用，從而帶來了我們所需要的磁有序。由於倒空間內表示的是大量電子的運動，因此嵌套的存在通常也代表著集體電子行為。

費米面嵌套理論能夠幫助我們理解電子之間相互作用不強的系統中為什麼會發生無序到有序的相變（這也是為什麼材料會表現出金屬性）。不過，在實際應用中，它往往有點「馬後炮」。最常出現的情況是，實驗觀察到某一有序態（比如反鐵磁）以及費米面的形狀之後，我們才可以透過分析兩者之間的聯繫決定費米嵌套理論是否合適。當然，隨著理論計算的長足發展，我們現在已經可以在有些系統中直接

計算費米面形狀並預測其磁有序等資訊了（儘管不一定準確）。

特別致謝：感謝 S.L.Li 老師參與部分問題的討論和回答！

18 包立不相容原理背後的物理意義是什麼？為什麼會出現「不相容」的現象？

從現象上講，包立不相容原理指的是，沒有兩個電子可以處於完全相同的狀態。

在量子力學中，包立不相容原理是全同原理（identity principle of microparticles）應用在費米子系統時匯出的必然結果。全同原理說的是：全同粒子不可分辨。這要求多粒子系統的波函數在交換粒子的操作下是對稱或反對稱的。其中反對稱（交換粒子後波函數差一個負號）對應費米子。為了簡單說明這一點，我們考慮兩個費米子的系統。

記波函數 Ψ（α，β）為粒子一和粒子二分別處於狀態 α 和 β 的機率幅。全同性原理要求，Ψ（α，β）＝−Ψ（β，α），若要求兩粒子處於同一狀態，即 α＝β，那麼必然有 Ψ（α，β）＝0，機率幅為 0，也就是不存在兩粒子處於同一狀態的可能性。這就是包立不相容原理。

　　值得一提的是，包立於 1924 年提出以包立不相容原理解釋元素週期律，但是在 1940 年才推導出自旋和統計性質的完整理論。科學發展史是符合人的認知過程的，從表像到本質，從具體到抽象。而往往抽象的東西代表著我們對世界最可靠的理解。在學習和研究自然科學的同時，多瞭解一點科學史對於科學內容本身的理解也是大有裨益的。

19　量子反常霍爾效應是什麼？

　　要明白量子反常霍爾效應，就得從霍爾效應說起。從 1879 年到現在，霍爾效應家族越來越龐大。要徹底了解這個問題需要太多的專業知識，我們這裡只是粗淺說明一下。

　　古典的霍爾效應是指，對磁場 B 中放置的導體，當電流

I 垂直於磁場 B 時，在同時垂直於電流和磁場的方向上，導體兩側會產生電位差，即霍爾電壓。這本質上是載流子（charge carrier）在磁場中運動、受到勞倫茲力偏轉導致的效應。古典霍爾效應的霍爾電阻（霍爾電壓與縱向電流的比值）是隨著磁場連續變化的。

　　說完「古典」就可以說說「量子」了。量子霍爾效應指的是低溫強磁場時，霍爾電阻不再隨磁場連續變化，而是會在一些特殊值處出現不隨磁場變化的恆定值平台，這些平台出現在朗道能階（Landau level）被電子整數（或特殊分數）填充時。有趣的是，平台出現時，縱向電阻（就是電流方向的電阻）為 0。這表明在平台出現時，電子輸運耗能極小。

　　可是量子霍爾效應運用到實際中有個很強的限制，需要外加強磁場！量子反常霍爾效應解決了什麼問題呢？就是在一些特殊材料中，材料本身就具有很強的內部磁場，這個時候就不需要再外加磁場，也能產生量子霍爾效應了，這也就是它的「反常」所在。量子反常霍爾效應不僅僅是物理理論上的突破，同時也是技術上的革命。低能耗的導電材料的應用前景不言而喻。

20 量子力學的第五公設說全同性粒子是不可區分的，它們不能編號，但可以定義交換算符，這是不是自相矛盾？

　　問到點子上了。首先，第五公設當然是不能隨便違背的了。不過在實際操作層面的時候，波函數又不是自己就知道它應該服從第五公設的。所以我們需要將第五公設翻譯成數學語言，這樣我們就要先替粒子編號，然後再對編號的粒子波函數進行重新組合使它們滿足對稱／反對稱關係。然後這些重新組合的波函數才能滿足第五公設的要求。但這裡要注意，我們在對粒子編號的時候實際上引入了一堆物理上沒有對應物的冗餘的自由度。這種自由度就是以後很多高等課程中會提到的「規範自由度」。規範自由度不影響物理結果，所以這裡我們權且把它當成一種數學上的處理技巧。

　　但有時候自發對稱性破缺的系統可能會伴隨著規範結構的改變，將會等效地導致一些物理結果，這是後話，此處暫不考慮。

21 電子遇到正電子會湮滅，為什麼遇到同樣具有正電
荷的質子不湮滅，而只會圍繞質子旋轉呢？

　　質子是可以與電子發生核反應的，最常見的反應方式是
軌道電子捕獲，這也是放射性同位素的衰變方式之一。一些
質子含量高的原子核由於其自身的不穩定性，可以透過弱相
互作用吸收一個內層軌道電子，使得其內部的一個質子變成
中子並放出一個電子中微子，反應式如下：

$$p+e^-\rightarrow n+v_e \qquad (*)$$

　　一個具體的例子是同位素鋁 26（比穩定同位素鋁 27 少
一個中子），它可以透過軌道電子捕獲衰變成鎂 26：

$$^{26}_{13}Al+e^-\rightarrow{}^{26}_{12}Mg+v_e$$

　　當然，鋁 26 也可以透過 β^+ 衰變生成鎂 12，它們的總
半衰期是 70 萬年左右。鋁 26 可被用於隕石年齡的測定，在
天文學上非常重要。

　　至於單獨存在的質子與電子發生反應乃至「湮滅」，這
是非常困難的事情。根據粒子物理反應中的強子數守恆原
則，可以證明質子與電子的反應至少要產生一個重子（由三
個夸克或反夸克組成的粒子，如質子、中子、Δ 粒子、Λ 粒
子等），而質子是最輕的重子，這樣如果質子與電子發生反

應，生成物總會比它們更重，比如對於（*），中子的靜止質量是大於質子與電子靜止質量之和的。因此根據質能守恆，必須有極大的額外能量才能使得像（*）這樣的反應發生，比如對於軌道電子捕獲，這部分能量來自原子核內一個質子轉換為一個中子之後其重子排布結構的改變，即原子核結合能的改變。對於單獨存在的質子與電子，為了使反應發生，一種方式是在粒子加速器中讓它們高速對撞，另一種方式是極大地增加壓力，沒錯，後者正是中子星的形成方式。

22 為什麼在 α 衰變中，原子核在放射出 α 粒子（氦核）的過程中，放射出的氦核不會捕獲核外電子變成氦原子，而是穿透出了電子雲卻沒有機率引發其他的擾動？

能量相差太多。核反應射出的 α 粒子的動能是 MeV 量級的，電子和原子核的結合能是 eV 量級，相差了一百萬倍。

這道理就跟你不能空手接子彈一樣。

23 量子場論中真空中仍有能量，也就是零點能，為什麼？

　　量子場論預言所有玻色子與費米子都有對應的基態能量，也就是問題所提到的真空所擁有的能量。

　　不放入任何粒子，那麼真空不會含有任何能量，因為它就是純粹的真空，空無一物，空乏無味。但是我們的世界精彩多了，這裡有壯麗非凡的繁星以及種類繁多的生命形式。無論這些物質的形態如何，它們都是由最基本的粒子構成的，因此我們所存在世界的真空並不空。它其實充滿著「表現」這些粒子的場，正是這些場的激發創造了基本粒子（構成我們世界基本組分的粒子）。

　　場的激發可以類比海洋表面的波動。量子場是不平靜的，因為你無法知道場確定位置的具體波動狀態（這就是不確定性原理）。這種源於量子力學基本原理的量子漲落會產生一個絕對的零點能，也就是場存在於真空所擁有的最小能量（嚴格地說是最小的能量密度，真空是沒有邊界的，因此體積是發散的）。因此，真空中的零點能完全是量子效應引起的不可消去的絕對的能量。

　　如今，可觀測的宇宙正在加速膨脹，現今理論為此在愛因斯坦場方程中引入宇宙常數項 Λ。宇宙常數 Λ 所代表的物理意義就是真空的能量。但糟糕的是，人們觀測的 Λ 值量級

是 10^{-15} J/cm^3，量子場論粗略估計的普朗克能標下真空能對應的 Λ 值是 10^{105} J/cm^3。它們整整差了 120 個數量級！所以真空能的本質是什麼？它產生的機制又是什麼？這都是現今懸而未決的問題。

24 當兩個粒子以相對速度為超光速相撞時會發生什麼？根據愛因斯坦的相對論，時間會倒流，質量會變成負數，尺寸會變成負數，這成立嗎？

愛因斯坦不背這個鍋。一個電子相對於你的速度是 0.75c，一個質子相對於你的速度是 0.75c，並且方向與電子相反，那麼電子相對於質子的速度是多少呢？1.5c？錯，正確答案是 0.96c。

牛頓系統的簡單速度疊加原理（伽利略變換）並不能直接推廣到相對論所討論的情形中。這裡要用勞倫茲變換。你想想：參考系一變，長度也變了，時間也變了，怎麼好意思就直接把速度加起來呢？至於問題中的撞到一起會發生什麼，0.75c 的質子對應的能標是幾百個兆電子伏特。所以這就是一個典型的核子物理的過程，多半是釋放出伽馬射線把能量輻射出來。

25 光子能量是由光子的頻率 $E=hv$ 決定的，那麼假設光源發出一個頻率為 v 的光子，那麼光子帶走的能量是 E，那麼一個接受光子的裝置在此過程中向光源移動，根據都卜勒效應，接受光子的裝置接收到的光子的頻率 v 就會增加，那麼光子轉移到這個裝置上的能量 E 就會比原來的能量要多，那麼這是不是憑空多出來的一截能量？那能量不就不守恆了？

　　這是一個很好的問題，提問者是自己在思考的。

　　答案是，頻率就是會變。而且我們還用這個頻率的變化測量遙遠天體與我們的相對速度和相對距離呢（哈伯定律）。

　　因此，你在不同參考系下測到的能量就是不同的。這沒什麼，回答這個問題甚至都不需要涉及相對論。

只需明確一下能量守恆定律的確切意義。在現代物理中，能量守恆定律的來源是諾特定律（Noether's theorem），是由物理定律的時間平移不變性導致的。根據諾特定律，能量守恆定律應該這麼表述：「在任意局域的慣性參考系中，能量不能憑空消失，也不能憑空出現，只能從一種能量轉換成另一種能量。」

所以你看，在不同參考系下能量不同完全沒有關係，只要在各個參考系下能量不會憑空出現和消失就可以了。或者換種說法，能量守恆定律不要求宇宙中存在一個「絕對的總能量」（它可以視參考系而變），只要能量從一種變為另一種的變化過程中是前後守恆的就可以了。

量
子
篇

致 謝

　　本書要感謝中科院物理所「問答」欄目背後的的問答團隊，這個團隊有來自物理所的研究生，包括程嵩（本輯收錄問提問者要回答者之一）、李治林、張聖傑、薛健、曹乘榕、姜暢、吳定松、葛自勇、袁嘉浩、陳曉冰、陳龍、樊秦凱、紀宇、劉新豹、王恩、楊哲森、楊發枝等。同時也有很多所裡科研一線的老師們直接回答了部分問題或參與了問題討論，他們包括曹則賢、翁羽翔、戴希、梁文傑、李世亮、羅會仟、尹彥、陸俊、楊蓉等。

　　「問答」專欄還吸引了一批熱心的所外問答志願者，他們有中科院理論物理研究所的賈偉、北京理工大學的李文卿、中科院大連化學物理研究所的王事平、中科院國家天文台的何川、資深編輯潘穎等。還有以程卓和袁子等為代表的清華大學物理系物理 41 班三十位小夥伴的傾情支持。感謝你們！

　　最後，希望物理所微信公眾號「問答」專欄這樣一個周更的互動平台能吸引越來越多的科學愛好者參與提問，同時期待更多所內外有志成為「物理君」的小夥伴加入我們的團隊（直接在「中科院物理所」微信公眾號留言即可哦）。

國家圖書館出版品預行編目（CIP）資料

1分鐘物理1：往颱風眼裡扔一顆原子彈會怎樣？/中國科學院物理研究所著.
-- 二版. -- 新北市：日出出版：大雁出版基地發行, 2024.05
　面；　公分
ISBN 978-626-7460-20-7(平裝)

1.CST: 物理學 2.CST: 通俗作品
330　　　　　　　　　　　　　　　　　　　113005207

1分鐘物理1(二版)
往颱風眼裡扔一顆原子彈會怎樣？

作　　　者　中國科學院物理研究所
責任編輯　李明瑾
封面設計　張　巖
內頁版型　Dinner Illustration
發 行 人　蘇拾平
總 編 輯　蘇拾平
副總編輯　王辰元
資深主編　夏于翔
主　　編　李明瑾
行　　銷　廖倚萱
業　　務　王綬晨、邱紹溢、劉文雅
出　　版　日出出版
發　　行　大雁出版基地
　　　　　新北市新店區北新路三段207-3號5樓
　　　　　電話：(02)8913-1005　傳真：(02)8913-1056
　　　　　劃撥帳號：19983379 戶名：大雁文化事業股份有限公司
二 版 一 刷　2024年5月
定　　價　450元
版權所有・翻印必究
I S B N　978-626-7460-20-7